运动控制技术及应用

主　编　魏小林

副主编　杨弟平

北京理工大学出版社

BEIJING INSTITUTE OF TECHNOLOGY PRESS

内 容 简 介

全书共分 4 个工作场景，每个工作场景又分为若干个项目任务。本书在编写过程中选取实际生产中较为常用的变频器、步进驱动器及步进电动机、伺服驱动器及伺服电动机、运动控制器等运动控制典型系统，从认知到安装、操作、编程应用将理论和实践相结合，按照教学做一体化模式进行编写，尽量贴近生产实际但又不以某一具体设备为限，将生产实际抽取出来进行一定的处理以满足大多数学校的教学实施。本书主要内容有：情境 1　PLC 控制变频器运行、情境 2　PLC 控制步进电动机系统运行、情境 3　PLC 控制伺服电动机运行、情境 4　简单运动控制模块控制系统应用。

本书是高等职业教育电气自动化技术专业运动控制技术及应用教材，由长期从事专业教学经验丰富的老师以及企业专家编写而成。教学内容贴近生产实际，具有较强的可操作性和一定的实用价值。本书也可供高等职业教育机电一体化技术等相关专业使用，又可供有关师生自学使用。

图书在版编目（CIP）数据

运动控制技术及应用 / 魏小林主编. —北京：北京理工大学出版社，2021.6
ISBN 978-7-5763-0029-1

Ⅰ. ①运…　Ⅱ. ①魏…　Ⅲ. ①运动控制　Ⅳ. ①TP24

中国版本图书馆 CIP 数据核字（2021）第 136352 号

出版发行 / 北京理工大学出版社有限责任公司
社　　址 / 北京市海淀区中关村南大街 5 号
邮　　编 / 100081
电　　话 / （010）68914775（总编室）
　　　　　（010）82562903（教材售后服务热线）
　　　　　（010）68944723（其他图书服务热线）
网　　址 / http://www.bitpress.com.cn
经　　销 / 全国各地新华书店
印　　刷 / 唐山富达印务有限公司
开　　本 / 787 毫米×1092 毫米　1/16
印　　张 / 15.5　　　　　　　　　　　　　　　　责任编辑 / 张鑫星
字　　数 / 326 千字　　　　　　　　　　　　　　文案编辑 / 张鑫星
版　　次 / 2021 年 6 月第 1 版　2021 年 6 月第 1 次印刷　　责任校对 / 周瑞红
定　　价 / 63.00 元　　　　　　　　　　　　　　责任印制 / 施胜娟

前　　言

本书是高等职业教育电气自动化技术专业运动控制技术及应用教材，由长期从事专业教学经验丰富的老师以及企业专家编写而成。教学内容贴近生产实际，具有较强的可操作性和一定的实用价值。本书也可供高等职业教育机电一体化技术等相关专业使用，又可供有关师生自学使用。

全书内容包括 4 个应用情境 10 个任务：

情境 1　PLC 控制变频器运行（任务 1.1　变频器的认识、任务 1.2　变频器的安装操作、任务 1.3　变频器的面板操作、任务 1.4　基于 PLC 的变频器多段速运行控制、任务 1.5　基于通信模式的变频器运行控制）；

情境 2　PLC 控制步进电动机系统运行（任务 2.1　FX5U PLC 及步进电动机在工作台的应用、任务 2.2　FX5U PLC 及步进电动机在加工设备中的应用）；

情境 3　PLC 控制伺服电动机运行（任务 3.1　伺服系统初识、任务 3.2　伺服系统在位置控制模式下的应用）；

情境 4　简单运动控制模块控制系统应用（任务　基于运动控制模块的平面焊接设备控制系统设计）。

本书在内容的安排上有如下特点：

本书在编写过程中结合实际生产中较为常用的变频器、步进驱动器及步进电动机、伺服驱动器及伺服电动机、运动控制器等运动控制典型系统，由浅入深、逐层递进，从认知到安装、操作、编程应用将理论和实践相结合，按照教学做一体化模式进行编写，贴近生产实际但又不以某一具体设备为限，将生产实际抽取出来进行一定的处理以满足大多数学校的教学实施。

在教材编写结构上，按照典型系统使用场景，分成若干个任务，每个任务按照行动导向逐步完成教学目标，这种分类思路更清晰，更具有内容的独立性。每个任务的内容统一编排成任务目标、任务分析、知识准备、任务实施、任务总结五部分，便于教师安排教学及学生自学。

本课程的工程性与实践性较强，针对高职学生特点，在教学上以理论够用为度，重在运用，培养技能，重点突出技术的掌握和运用。同时注重新元件、新技术、新标准的介绍。

本书分为 4 个情境 10 个任务，可根据各校的具体情况选择实施：比如可以选择基础部分（情境 1 的任务 1.1、1.2、1.3、1.4，情境 2 的任务 2.1，情境 3 的任务 3.1、3.2）教学，在条件允许的情况下再增加内容（情境 1 的任务 1.5、情境 2 的任务 2.2、情境 4 的任务）；各校可根据相关专业课的开设情况做适当的删减。

　　本书由江苏联合职业技术学院南京工程分院魏小林副教授任主编，负责全书的内容结构安排、工作协调及统稿工作。三菱电机自动化（中国）有限公司杨弟平任副主编。具体编写安排：情境1（魏小林）、情境2（魏小林）、情境3（杨弟平）、情境4（魏小林）。全书由南京工程学院钱厚亮副教授审稿。

　　在本书的编写过程中，虽经反复推敲、多次修改，但由于作者水平所限，难免有疏漏之处，恳请读者批评指正。

编　者

目　录

情境 1   PLC 控制变频器运行

任务 1.1   变频器的认识

任务目标

以认识变频器为学习内容，通过对三菱变频器外部结构和铭牌的学习，使学生熟悉变频器，掌握其铭牌信息及主要参数。

1. 知识目标

（1）熟悉变频器的外部结构、防护形式及散热方式。

（2）熟悉变频器的操作单元、显示内容及键盘设置。

（3）掌握变频器的铭牌信息、型号标识及主要参数。

2. 技能目标

（1）能准确识别变频器的铭牌及型号。

（2）能正确读取变频器的主要参数。

任务分析

本任务主要是认识三菱变频器铭牌以及变频器整体结构，能通过铭牌了解变频器参数。通过教师的讲授以及引导学生学会查阅有关资料完成本任务。

知识准备

1.1.1   变频器的结构

变频器是利用功率型半导体器件的通断作用，将固定频率的交流电转换为可变频率的交流电。在电气传动控制领域，变频器的作用非常重要，应用也十分广泛，目前从一般要求的小范围调速传动到高精度、快响应、大范围的调速传动，从单机传动到多机协调运转，几乎都可以采用变频技术。变频器可以调整电动机的频率，实现电动机的变速运行，以达到节电的目的；变频器可以使电动机在零频率、零电压时逐步启动，减少对电网的冲击；变频器可以使电动机按照用户的需要进行平滑加速；变频器可以控制电气设备的启停，使整个控制操作更加方便可靠，延长电器的使用寿命；变频器可以优化生产工艺过程，通过 PLC 或其他控制器实现远程速度控制。

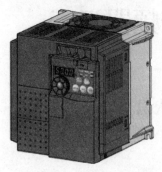

图 1-1-1　三菱 FR-E740 系列变频器的外形

变频器的内部结构相当复杂，除了由整流、滤波、逆变组成的主电路外，还有以微处理器为核心的运算、检测、保护、驱动等控制电路。但对大多数用户来说，只是把变频器作为一种电气设备的整体来使用。

三菱 FR-E700 系列变频器的结构都基本相同，整体外形为半封闭式，从外观上看，它们主要由操作面板、端盖、器身和底座组成。三菱 FR-E740 系列变频器的外形如图 1-1-1 所示，其拆分结构如图 1-1-2 所示。

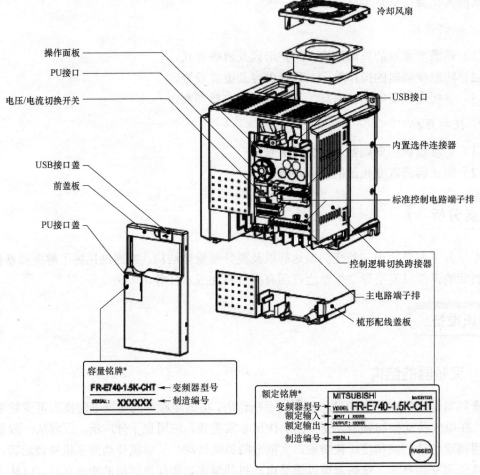

图 1-1-2　三菱 FR-E740 系列变频器的拆分结构

1.1.2 变频器的铭牌

铭牌是选择和使用变频器的重要依据和参考，其内容一般包括厂商的产品型号、编号或标识码、基本参数、电压级别和标准、可适配电动机容量等。三菱 FR-E700 系列变频器铭牌的设计非常独特，在变频器的器身上贴有大小两个铭牌，大铭牌是额定铭牌，主要用于标识变频器的机型、额定参数和功率指标；小铭牌是容量铭牌，主要用于标识变频器的机型和容量。大小铭牌主要作用之一是方便用户识别变频器，如图 1-1-2 所示。

1.1.3 技术规格及主要性能

技术规格及主要性能一般都标注在铭牌的醒目位置上，它是选用变频器的主要依据。变频器的型号含义如图 1-1-3 所示。

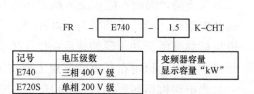

记号	电压级数
E740	三相 400 V 级
E720S	单相 200 V 级

变频器容量
显示容量 "kW"

图 1-1-3 变频器的型号含义

1. 输入侧的额定值

变频器输入侧的额定值主要是指输入侧交流电源的相数和电压参数。在我国中小容量变频器中，输入电压的额定值有以下几种（均为线电压）。

380 V/（50～60 Hz）三相：主要用于绝大多数设备中。

230 V/50 Hz 三相：主要用于某些进口设备中。

230 V/50 Hz 单相：主要用于民用小容量设备中。

此外，对变频器输入侧电源电压的频率也都做了规定，通常都是工频 50 Hz 或 60 Hz。三菱 FR-E700 系列变频器的型号、电压、适用电动机功率如表 1-1-1 所示。

表 1-1-1　FR-E700 系列变频器的型号、电压、适用电动机功率

型号	电压/V	适用电动机功率/kW								
FR-E740-□K-CHT	三相 400	0.4	0.75	1.5	2.2	3.7	5.5	7.5	11	15
FR-E720S-□K-CHT	单相 200	0.1	0.2	0.4	0.75	1.5	2.2			

2. 输出侧的额定值

（1）额定输出电压。由于变频器在变频的同时也要变压，所以额定输出电压是指变频器输出电压中的最大值。在大多数情况下，它就是输出功率等于电动机额定功率时的输出电压值。

（2）额定输出电流。其是指变频器允许长时间输出的最大电流，它是用户选择变频器的主要依据。

（3）额定输出容量。其是指变频器在正常工况下的最大容量，一般单位是 kV·A。

（4）适用电动机功率。变频器规定的适用电动机功率，单位是 kW。

（5）过载能力。其是指变频器输出电流超过额定电流的允许范围和时间，大多数变频器都规定为 1.5 倍额定电流和 60 s 或 1.8 倍额定电流和 0.5 s。

3. 变频器的频率指标

1）频率范围

频率范围指变频器输出的最高频率和最低频率。各种变频器规定的频率范围不尽一致，三菱 FR-E700 系列变频器的频率范围为 0.2~400 Hz。

当看到三菱 FR-E700 系列变频器的频率范围的数据时，对于一个变频器的初学者来说，马上就会感到疑惑。假设用三菱变频器驱动一台 4 极三相异步电动机，那么当变频器输出频率为 0.2 Hz 时，电动机的同步转速只有 6 r/min，显然这个转速比爬行还要慢得多。在变频器低频输出时，普通电动机靠安装在轴上的外扇或转子端的叶片进行冷却，若速度降低则冷却效果下降，因而不能承受与高速运转相同的发热，必须降低负载转矩或采用专用的变频器驱动电动机。当运行频率为 400 Hz 时，电动机的同步转速高达 12 000 r/min，这是普通电动机机械强度所无法承受的速度；并且在 6~12 000 r/min 这样一个宽广的速度调节范围内，变频器驱动电动机可在任意转速点上稳定工作。

当电动机运转频率超过 60 Hz 时，应注意以下问题：

（1）机械和装置在高转速下运转的可能性（机械强度、噪声、振动等）；

（2）电动机进入恒功率输出范围，其输出转矩要能够维持工作；

（3）要充分考虑轴承寿命问题；

（4）对于中等容量以上的电动机特别是 2 极电动机，在 60 Hz 以上运转时要特别注意。

2）频率精度

频率精度指变频器输出频率的准确度，用变频器实际输出频率与给定频率之间的最大误差与最高工作频率之比的百分数来表示。例如，三菱 FR-E700 系列变频器的频率精度（数字端子）为 0.01%，这是指在 -10~15 ℃温度下通过参数设定所能达到的最高频率精度。

例如，用户给定的最高工作频率为 $f_{max} = 120$ Hz，频率精度为 0.01%，则最大误差为

$$\Delta f_{max} = 120 \times 0.01\% = 0.012 \text{（Hz）}$$

通常，由数字量给定时的频率精度约比模拟量给定时的频率精度高一个数量级。

3）频率分辨率

频率分辨率指变频器输出频率的最小改变量，即每相邻两挡频率之间的最小值。

例如，当工作频率为 $f_x = 25$ Hz 时，如果变频器的频率分辨率为 0.01 Hz，则

上一挡频率为

$$f_x = 25 + 0.01 = 25.01 \text{（Hz）}$$

下一挡频率为

$$f_x = 25 - 0.01 = 24.99 \text{（Hz）}$$

对于数字控制的变频器，即使频率指令为模拟信号，输出频率也是有级给定。这个级差的最小单位名称为频率分辨率。变频器的分辨率越小越好，通常取值为 0.01~0.5 Hz。例如，分辨率为 0.5 Hz，那么 23 Hz 的上一挡频率应为 23.5 Hz，因此电动机的动作也是有级的跟随。在某些场合，级差的大小对被控对象影响较大。例如，造纸厂的纸张连续卷取控制，如果分辨率为 0.5 Hz，4 极电动机 1 个级差对应电动机的转速差就高达 15 r/min，结果使纸张卷取时张力不匀，容易造成纸张卷取断头现象；如果分辨率为 0.01 Hz，4 极电动机 1 个级差

对应电动机的转速差仅为 0.31 r/min，显然这样极小的转速差不会影响工艺要求。

1.1.4　变频器选型

1. 变频器类型的选择

变频器有许多种类型，主要根据负载的要求进行选择。

1）流体类负载

各种风机、水泵和油泵都属于典型的流体类负载，负载转矩与速度的二次方成正比。选型时通常以价格低为主要原则，选择普通功能型变频器，只要变频器的容量与适用电动机的功率相等即可。目前，已有为此类负载配套的专用变频器可供选用。

2）恒转矩负载

如挤压机、搅拌机、传送带、厂内运输电车、起重机的平移机构和启动机构等都属于恒转矩负载，其负载转矩与转速无关。为了实现恒转矩调速，常采用具有转矩控制功能的高功能型变频器。

对不均性负载（其特性是：负载有时轻，有时重），应按照重负载的情况来选择变频器容量，例如轧钢机械、粉碎机械、搅拌机等。

对于大惯性负载，如离心机、冲床、水泥厂的旋转窑等，应该选用容量稍大的变频器来加快启动，避免振荡，并需配有制动单元以消除回馈电能。

3）恒功率负载

恒功率负载的特点是需求转矩与转速大体成反比，但其乘积（即功率）却近似保持不变。如机床的主轴和轧机、造纸机、薄膜生产线中的卷取机和开卷机等。

选择时尽量缩小恒功率范围（以满足生产工艺为前提），以减小电动机和变频器的容量，降低成本。当电动机的恒转矩和恒功率调速的范围与负载的恒转矩和恒功率范围相一致，即"匹配"，电动机的功率和变频器的容量均最小。

2. 变频器品牌型号的选择

变频器是变频调速系统的核心设备，它的质量品质对于系统的可靠性影响很大。选择品牌时，质量品质尤其是与可靠性相关的质量品质，显然是重点要考虑的方面。

品牌选择依据：产品的平均无故障时间、经验和口碑。

型号选择依据：由已经确定的变频调速方案、负载类型以及应用所需要的一些附加功能决定。

两者关系：确定型号时的选择原则有时也会影响品牌的选择，如果应用所需要的功能或者控制方式在某品牌的各型号变频器上都不具备时，则应该考虑更换品牌。

3. 变频器规格的选择

1）按照标称功率选择

一般而言，按照标称功率选择变频器只适合作为初步投资估算的依据，在不清楚电动机额定电流时使用。对于恒转矩负载可以放大一级估算。例如，90 kW 电动机可以选择 110 kV·A 变频器。

在按照过载能力选择时，可以放大一倍来估算。例如，90 kW 电动机可选择 185 kV·A 变频器。对于流体类负载，一般可以直接将标称功率作为最终选择依据，并且不必放大。例如，75 kW 风机电动机可以选择 75 kV·A 的变频器。

2）按照电动机额定电流选择

对于多数的恒转矩负载新设计的项目，可以按照公式 $I_{evf} \geq K_1 I_{ed}$ 选择变频器规格。式中，I_{evf} 为变频器额定电流；I_{ed} 为电动机额定电流；K_1 为电流裕量系数，可取 1.05～1.15，一般情况下取最小值，以电动机持续负载率不超过 80% 来确定。启动、停止频繁的系统应该考虑取最大值。

3）按照电动机实际运行电流选择

这种方式适用于改造工程，对于原来电动机已经处于"大马拉小车"的情况，可以选择功率比较合适的变频器以节省投资。可以按照公式 $I_{evf} \geq K_2 I_d$ 选择变频器规格。式中，K_2 为电流裕量系数，可取 1.1～1.2，在频繁启停时应该取最大值；I_d 为电动机实际运行电流，指的是稳态运行电流，对电动机运行电流进行实际测量时应该针对不同工况做多次测量，取其中最大值。

4）按照转矩过载能力选择

变频器的电流过载能力通常比电动机转矩过载能力低，因此，按照常规配备变频器时电动机转矩过载能力不能充分发挥作用。

采用变频器对异步电动机进行调速时，在异步电动机确定后，通常根据异步电动机的额定电流来选择变频器，或者根据异步电动机实际运行电流（最大值）选择变频器。

任务实施

本书以型号为 FR－E740－0.75K－CHT 的三菱变频器为例，每组 1 台。

1. 识别变频器铭牌

操作要求：三菱 FR－E740 系列变频器铭牌如图 1－1－2 所示。观察铭牌，记录信息，包括品牌型号、出厂编号、容量、基频、输入电压的变化范围、输入电源相数、输出电流、频率调节范围等，填写表 1－1－2。

表 1－1－2 变频器铭牌记录表

品牌及系列号	型号	容量	输入电压	输入频率
输入电源相数	输入电流	输出电压	输出频率范围	输出电流

2. 识别变频器整体结构

操作要求：观察变频器的整体结构，画出外形结构图，并对重点部位用文字进行标注。

注意：在移动变频器时，一定要轻拿轻放，不要使变频器跌落或受到强烈冲击，以防塑料面板碎裂。在搬运变频器时，不要握住前盖板或设定用的旋钮，这样会造成变频器掉落或故障。

任务总结

对于一个初学者而言，如何学习和掌握变频器相关知识是一个有难度的问题。在学习中除了要掌握一定的基础知识，还要有理论学习后的实践操作。在理论方面，要多看变频器方面的书籍，了解变频器的工作原理、参数含义及控制方式，要知道《使用手册》的大概内容是什么。在实践方面，要多了解与变频器相关的资讯，多参与变频器项目的实践，结合实践的特殊要求多动手操作，并注重现场经验的积累。有条件的话，可以参加一些变频器、PLC培训机构组织的学习，通过有针对性的培训，使自己的综合实践能力在短期内得到快速提升。另外，上网浏览或直接参与工控方面的论坛也是快速学习的一个好途径。

任务 1.2　变频器的安装操作

任务目标

以安装变频器为教学内容，通过对变频器外部接口和内部电路原理的学习，使学生认识变频器的接线端子，了解变频器的原理，掌握变频器的安装要求和安装操作。

1. 知识目标

（1）了解变频器的内部结构，掌握变频器的拆装要求。

（2）了解变频器的外部接口，熟悉变频器的接线端子。

（3）了解变频器的工作原理。

2. 技能目标

（1）能识别变频器的接线端子。

（2）能对变频器进行拆装。

（3）能完成变频器的主电路电气接线。

任务分析

本任务主要是变频器的安装和电气接线操作。通过教师的讲授以及示范操作引导学生学习，学生也可以学会查阅有关资料和网络视频来完成本任务。

知识准备

变频器的电路一般由主电路、控制电路和保护电路等部分组成。主电路用来完成电能的转换（整流和逆变）；控制电路用以实现信息的采集、变换、传送和系统控制；保护电路除用于防止因变频器主电路的过压、过流引起的损坏外，还应保护电动机及传动系统等。

变频器的内部结构相当复杂，除了由整流、滤波、逆变组成的主电路外，还有以微处理器为核心的运算、检测、保护、驱动等控制电路。但对大多数用户来说，只是把变频器作为一种电气设备的整体来使用，因此，可以不必探究其内部电路的深奥原理，但对变频器基本了解还是必要的。

1.2.1　主电路

电压型变频器主电路原理图如图 1–2–1 所示。由图 1–2–1 可以看出，交–直–交变频器（通用变频器主要采用交–直–交变频，也有交–交–直变频）主电路实际上是整流电路和逆变电路的组合。整流电路将工频交流电整流，经不同方式的储能元件滤波后得到稳定的直流电，逆变电路根据不同的控制方式逆变产生频率和电压可变的交流电。

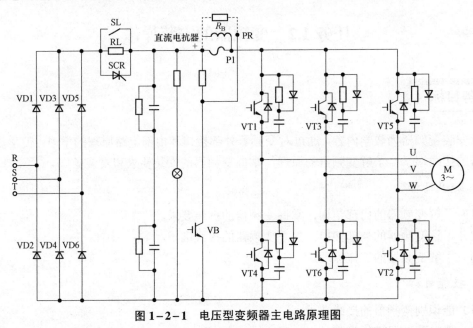

图 1–2–1　电压型变频器主电路原理图

1．整流电路

电网侧整流电路的作用是把三相（也可以是单相）交流电整流成直流电。整流电路按使用的器件不同分为不可控整流电路和可控整流电路。不可控整流电路使用的元件为功率二极管，控制简单、成本也较低；可控整流电路可采用晶闸管整流器等。

2．中间电路（中间直流环节）

变频器的中间电路有滤波电路和制动电路等。

1）滤波电路

虽然利用整流电路可以从电网的交流电源得到直流电压和直流电流，但是这种电压和电流含有频率为电源频率 6 倍的纹波，则逆变后的交流电压、电流也产生纹波。因此，必须对整流电路的输出进行滤波，以减少电压或电流的波动，这种电路称为滤波电路。

（1）电容滤波。

通常，用大容量电容对整流电路输出电压进行滤波。由于电容量比较大，一般采用电解电容。二极管整流器在电源接通时，电容中将流过较大的充电电流（亦称浪涌电流），有可能烧坏二极管，必须采取相应抑制浪涌电流的措施。

采用大容量电容滤波后再送给逆变器，这样可使加于负载上的电压值不受负载变动的影响，基本保持恒定。该变频电源类似于电压源，因而称为电压型变频器。电压型变频器逆变电压的波形为方波，而电流的波形经电动机负载滤波后接近于正弦波。三菱 FR－E740 系列变频器采用电容滤波。

（2）电感滤波。

采用串联大容量电感对整流电路输出电流进行滤波，无功功率将由该电感来缓冲，称为电感滤波。由于经电感滤波后加于逆变器的电流值稳定不变，所以输出电流基本不受负载的影响，电源外特性类似电流源，因而称为电流型变频器。电流型变频器逆变电流的波形为方波，而电压的波形经电动机负载滤波后接近于正弦波。

电流型变频器的一个较突出的优点是，当电动机处于再生发电状态时，回馈到直流侧的再生电能可以方便地回馈到交流电网，不需要在主电路内附加任何设备。电流型变频器常用于频繁急加减速的大功率电动机的控制，在大容量风机、泵类节能调速中也有应用。

2）制动电路

变频调速系统中通过降低变频器的输出频率实现减速及停车。在降速瞬间，电动机的同步转速随之下降，但转子转速由于机械惯性并未马上下降。当同步转速小于转子速度时，电动机电流的相位改变 180°，电动机从电动状态变为发电状态。与此同时，电动机轴上的转矩变为制动转矩，电动机的转速迅速下降，处于再生制动状态。再生制动形成的电流被电容器吸收，形成电容器侧"泵升电压"，使直流母线电压升高，对变频器形成危害。

异步电动机在再生制动区域（第二象限）运行时，再生能量首先存储于储能电容器中，使直流电压升高。一般来说，由机械系统（含电动机）惯量所积蓄的能量比电容器能存储的能量大，中、大功率系统需要快速制动时，必须用可逆变流器把再生能量反馈到电网侧，这样节能效果更好；或设置制动单元（开关管和电阻），把多余的再生能量消耗掉，以免直流回路电压的上升超过极限值。当制动较快时，电容器电压升得过高，装置中的"制动过电压保护"将动作，以保护变频装置的安全。在工业变频器中，基于再生能量的制动方式有三种：

（1）能耗制动。由并联在直流回路上的其他传动系统吸收或由直流回路中人为设置的与电容器并联的"制动电阻"耗散，内接或外接制动电阻的位置如图 1－2－1 所示，其接线示意图如图 1－2－2 所示。

电压检测装置用于检测电容器两端的电压（直流母线电压）。当检测到该电压高于某一值时（有些变频器如施耐德 ATV71 可以设定这一电压），制动功率管 VT 饱和导通，直流电压通过制动电阻放电，使直流母线电压下降。

制动电阻目前有两种形式，一是波纹电阻，二是铝合金电阻。阻值有一定范围，太大功率就小，制动不迅速，太小又容易烧毁开关元件。有的小型变频器的制动电阻内置在变频器中，但在高频率制动或重力负载制动时，内置制动电阻的散热不理想，容易烧毁，因此使用大功率的外接制动电阻。选用制动电阻时，要选择低电感结构的电阻器，连线要短，并使用双绞线。

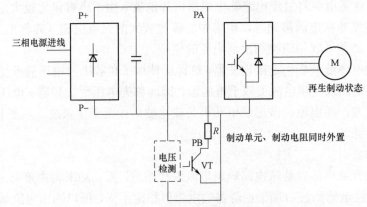

图 1-2-2　能耗制动接线示意图

（2）直流制动。异步电动机定子通直流电制动时，转子切割固定磁场产生与转速方向相反的力矩，即制动力矩，实现电动机的制动。这种制动可以用于要求准确停车的情况或启动前制止电动机由外界因素引起不规则旋转（如引风机负载叶片的旋转）的情况，此制动方式不能频繁使用。

（3）回馈制动。通过回馈单元把回馈到中间直流回路的制动能量送到电网。回馈制动的最大优点是节能效果好，能连续长时间制动，但控制复杂、成本高，只有电网稳定、不易发生故障的场合才采用。这种方式在高性能的变频器控制系统中已经得到广泛应用。

前两种工作状态称为动力制动状态；第三种工作状态称为回馈制动状态（又称再生制动状态）。应该注意，这是从整个系统角度视再生电能是否能回馈到交流电网而定义的两大类工作状态。在这两类状态下，异步电动机自身均处于再生发电制动状态。

3. 逆变电路

逆变电路也称为逆变器，负载侧的变流器为逆变器，最常见的结构形式是利用 6 个半导体主开关器件组成的三相桥式逆变电路。逆变电路中，有规律地控制逆变器中主开关器件的通与断，可以得到任意频率的三相交流电。以图 1-2-3 为例说明其工作原理，电路中输入直流电压 E，逆变器的负载是电阻 R。当将开关 S1、S4 闭合，S2、S3 断开时，电阻上得到左正右负的电压；间隔一段时间后将开关 S1、S4 打开，S2、S3 闭合，电阻上得到右正左负的电压。

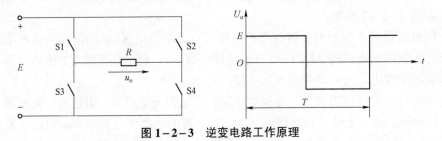

图 1-2-3　逆变电路工作原理

以频率 f 交替地切换 S1、S4 和 S2、S3，在电阻上就可以得到所需的电压波形。实际应用中最常见的逆变电路的结构形式是利用 6 个功率开关器件（GTR、IGBT、GTO 等，现在多用绝缘栅双极型晶体管 IGBT）组成的三相桥式逆变电路，有规律地控制逆变器中功率开关器件的导通与关断，可以得到任意频率的三相交流输出。

为使逆变器输出电压波形趋于正弦波，常采用 SPWM（Sinusoidal Pulse Width Modulation）方式，变频器中常用全数字控制方式实现 SPWM。

三菱 FR-E740 系列 0.4K～3.7K 变频器的主电路端子如图 1-2-4 所示。

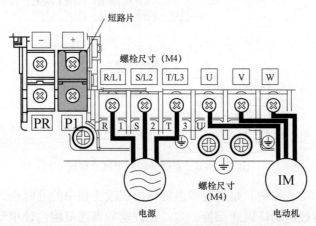

图 1-2-4　三菱 FR-E740 系列变频器的主电路端子

变频器主电路的接线示意图如图 1-2-5 所示。

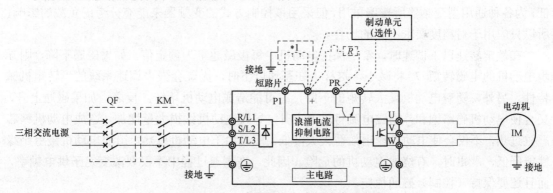

图 1-2-5　变频器主电路的接线示意图

*1. 直流电阻抗，连接直流电阻抗时，请取下 P1 和+之间的短接片。

1.2.2　控制电路

变频器控制电路原理图如图 1-2-6 所示，三菱 FR-E740 系列变频器控制电路接线示意图如图 1-2-7 所示。

目前使用的异步电动机变频调速系统主要有 4 种类型，即恒压频比控制的调速系统、转差频率控制的调速系统、矢量控制的调速系统、直接转矩控制的调速系统。本节仅介绍三菱 FR-E740 系列变频器采用的恒压频比控制的调速系统。

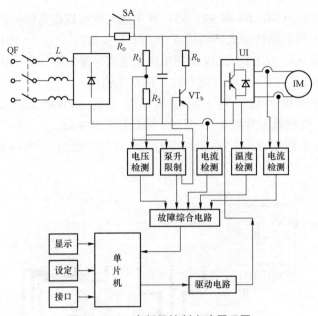

图 1-2-6 变频器控制电路原理图

恒压频比控制（U/f 控制）是使变频器的输出在改变频率的同时也改变电压，通常是使 U/f 为常数，这样可使电动机磁通保持一定，在较宽的调速范围内使电动机的转矩、效率、功率因数不下降，使电动机保持恒定的最大转矩。实际实现中，考虑电动机的固有损耗，往往采用进一步的措施以提高电动机的低频转矩。U/f 控制方式的控制思路清晰，实现成本较低，为各种通用型变频器所普遍采用，但采用该控制方式的变频器未能充分考虑负载的影响，所以只应用于对精度要求不高的场合。

在额定转速以下调速时，希望保持电动机中每极磁通量为额定值。如果磁通下降，则异步电动机的电磁转矩 T_e 将减小。这样，在基速以下时，无疑会失去调速系统的恒转矩机械特性。另外，随着电动机最大转矩的下降，有可能造成电动机堵转。反之，如果磁通上升，又会使电动机磁路饱和，励磁电流将迅速上升，导致电动机铁损大量增加，造成电动机铁芯严重过热，不仅会使电动机输出效益大大降低，而且由于电动机过热，造成电动机绕组绝缘性能降低，严重时，有烧毁电动机的危险。因此，在调速过程中不仅要改变定子供电频率，而且还要保持（控制）磁通恒定。

根据保持（控制）磁通恒定的方法不同，产生了恒压频比控制方式和转差频率控制方式，下面介绍 U/f 控制方式的理论基础。

从电动机转速公式可以看出，只要改变定子电压的频率 f_1 就可以调节转速 n 的大小了，但是事实上只改变 f_1 并不能正常调速，为什么呢？

由电动机学可知

$$E_g = 4.44 f_1 N_1 K_{N_1} \Phi_m \qquad (1-2-1)$$

$$T_e = C_m \Phi_m I_2' \cos \phi_2 \qquad (1-2-2)$$

式中　E_g——气隙磁通在每相中感应电动势有效值（V）；

N_1——定子每相绕组串联匝数；

K_{N_1}——基波绕组数；

Φ_{m}——每极气隙主磁通量（Wb）；

T_{e}——电磁转矩（N·m）；

C_{m}——转矩常数；

I'_2——转子电流折算到定子侧的有效值（A）；

$\cos\phi_2$——转子电路的功率因数。

如忽略定子上的内阻压降，则有

$$U_1 \approx E_{\mathrm{g}} = 4.44 f_1 N_1 K_{N_1} \Phi_{\mathrm{m}} \qquad (1-2-3)$$

式中　U_1——定子相电压。

于是，主磁通为

$$\Phi_{\mathrm{m}} = \frac{E_{\mathrm{g}}}{4.44 f_1 N_1 K_{N_1}} \approx \frac{U_1}{4.44 f_1 N_1 K_{N_1}} \qquad (1-2-4)$$

假设保持 U_1 不变，只改变 f_1 调速。对于确定的电动机 N_1 和 K_{N_1} 为常数，倘若调节 $f_1\uparrow$，则 $\Phi_{\mathrm{m}}\downarrow$，由式（1-2-2）可知 C_{m} 为常数，$T_{\mathrm{e}}\downarrow$，这样电动机的拖动能力会降低，对恒转矩负载会导致转子电流 I_2 增大，定子电流随之增大，一方面绕组过热，另一方面会因拖不动而堵转；倘若调节 $f_1\downarrow$，则 $\Phi_{\mathrm{m}}\uparrow$，这样会引起主磁通饱和，励磁电流急剧升高，会使定子铁芯损耗急剧增加。这两种情况都是实际运行中所不允许的。

由上可知，只改变频率 f_1 实际上并不能正常调速。在调节定子供电频率 f_1 的同时，调节定子供电电压 U_1 的大小，通过 U_1 和 f_1 的配合实现不同类型的调频调速。在基准频率（一般 50 Hz）以下常采用恒磁通变频控制方式，当频率 f_1 从基准频率向下调节时，需同时降低 E_{g}，使 $E_{\mathrm{g}}/f_1 =$ 常数，保持 Φ_{m} 不变，即气隙磁通感应电势与频率之比为常数。因感应电势难以直接控制，忽略定子压降，认为定子相电压 $U_1 \approx E_{\mathrm{g}}$，则 $U_1/f_1 =$ 常数，这就是恒压频比的变频控制方式。

恒压频比控制在低频时，由于 U_1 和 E_{g} 都较小，定子阻抗压降所占的分量比较显著，不能忽略，同时，会引起机械特性曲线中的最大转矩下降。这时，可人为地把电压 U_1 升高，提高 U/f 比，以便近似地补偿定子压降和转矩。但并不是 U/f 比取大些就好，补偿过分，电动机铁芯饱和严重，励磁电流 I_0 的峰值增大，可能会引起变频器因过电流而跳闸。

恒压频比控制的异步电动机变压变频调速系统是一种比较简单的控制系统。按控制理论的观点进行分类时，$U/f = C$ 控制属于转速（频率）开环控制系统，这种系统虽然在转速控制方面不能给出满意的控制性能，但是这种系统有着很高的性能价格比。因此，在以节能为目的各种用途中和对转速精度要求不高的各种场合得到了广泛的应用。同时还需要指出，恒压频比控制系统是最基本的变压变频调速系统，性能更好的系统都是建立在这种系统的基础之上。为了方便用户选择 U/f 值，变频器通常都是以 U/f 控制曲线的方式提供给用户选择的。

三菱 FR-E740 系列变频器控制电路接线示意图。

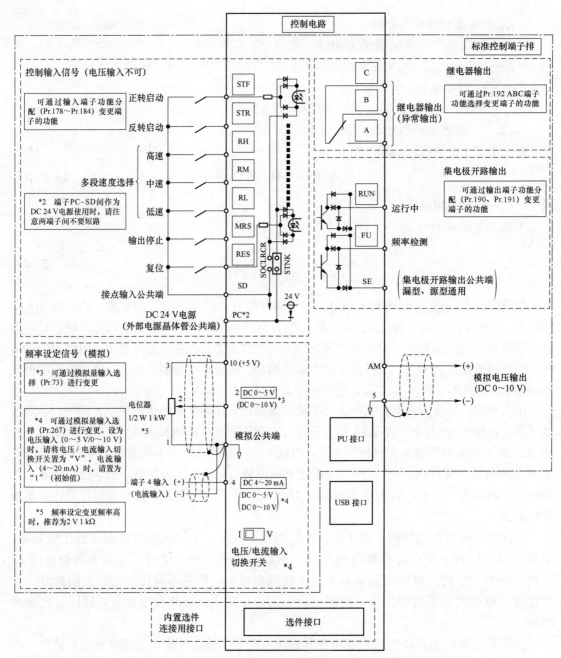

图 1-2-7 三菱 FR-E740 系列变频器控制电路接线示意图

1.2.3 外围电路

变频器的运行离不开外围设备，要根据实际需要选择与变频器配合工作的各种外围设备。正确选择变频器的外围设备主要有以下几个目的：

（1）保证变频器驱动系统的正常工作；

（2）提高对电动机和变频器的保护；

（3）减小对其他设备的影响。

图 1-2-8 所示为三菱变频器与电源、电动机的实际连接。在实际应用中，图 1-2-8 中所示的电器并不一定全部都要连接，有的电器通常是选购件，有时还须增加断路器。

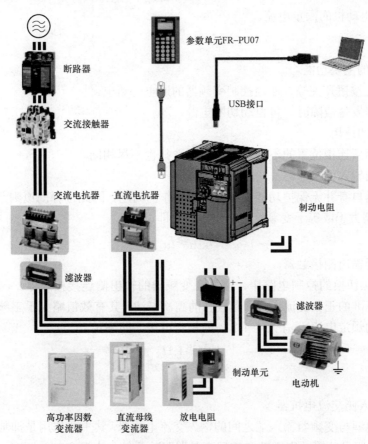

图 1-2-8　三菱变频器与电源、电动机的实际连接

1. 断路器

断路器的功能主要是用于电源的通断，在出现过电流或短路事故时自动切断电源，防止发生过载或短路时大电流而烧毁设备的现象；在检修用电设备时起隔离电源的作用。新型断路器都具有过电流保护功能，选用时要充分考虑电路中是否有正常过电流，以防止过电流保护功能的误动作。

在断路器单独为变频器配电的主电路中，属于正常过电流的情况有以下几种：

（1）变频器在刚接通电源的瞬间，对电容器的充电电流可高达额定电流的 2～3 倍。

（2）变频器的进线电流是脉冲电流，其峰值经常超过额定电流。

（3）一般通用变频器允许的过载能力为额定电流的 150%，持续运行 1 min。

因此，为了避免误动作，断路器的额定电流 I_{QN} 一般按下面公式估算：

$$I_{QN} \geqslant （1.3 \sim 1.4）I_N \qquad\qquad （1-2-5）$$

式中　I_N——变频器的额定电流。

在电动机要求实现工频和变频的切换控制电路中，因为电动机有可能在工频下运行，故应按电动机在工频下的启动电流来进行选择，即

$$I_{QN} \geqslant 2.5I_{MN} \qquad (1-2-6)$$

式中　I_{MN}——电动机的额定电流。

2. 接触器

1）接触器的主要功能

（1）可通过按钮开关等方便地控制变频器的通电与断电。

（2）变频器发生故障时，可自动切断电源。

2）接触器的选用

根据接触器所连接位置的不同，其型号的选择也不尽相同。

（1）变频器输入侧接触器。

由于接触器自身并无保护功能，不存在误动作的问题，因此选择的原则是：主触点的额定电流 I_{KM1} 只需大于或等于变频器的额定电流，即

$$I_{KM1} \geqslant I_N \qquad (1-2-7)$$

（2）变频器输出侧接触器。

在变频/工频切换的控制电路中，需要在变频器的输出侧连接接触器。因为变频器的输出电流并不是标准的正弦交流电，含有较强的高次谐波，其有效值略大于工频运行时的有效值，故主触点的额定电流 I_{KM2} 大于 1.1 倍的额定电流，即满足

$$I_{KM2} \geqslant 1.1I_N \qquad (1-2-8)$$

3. 电抗器

1）电源输入侧交流电抗器

接在电网电源与变频器输入端之间的输入交流电抗器，其主要作用是抑制变频器输入电流的高次谐波，明显改善功率因数和实现变频器驱动系统与电源之间的匹配。输入交流电抗器为选购件，在以下情况下可考虑接入交流电抗器：

（1）变频器所用之处的电源容量与变频器容量之比为 10:1 以上。

（2）同一电源上接有晶闸管变流器负载或在电源端带有开关控制调整功率因数的电容器。

（3）三相电源的电压不平衡度较大（≥3%）。

（4）变频器的输入电流中含有许多高次谐波成分，这些高次谐波电流都是无功电流，使变频调速系统的功率因数降到 0.75 以下。

（5）变频器的功率大于 30 kW。

接入的交流电抗器应满足以下要求：

（1）电抗器自身分布电容小。

（2）自身的谐振点要避开抑制频率范围。

（3）保证工频压降在 2% 以下，功率要小。

交流电抗器的型号规定：ALC-□，其中，□为所用变频器的容量，如 132 kV·A 的变频器应该选择 ALC-132 型电抗器。

2）变频器输出侧交流电抗器

接在变频器输出端和电动机之间的输出交流电抗器，其主要作用是降低变频器输出中存在的谐波产生的不良影响，包括以下两方面内容：

（1）降低电动机噪声。利用变频器进行调节控制时，由于谐波的影响，电动机产生的电磁噪声和金属音噪声将大于采用电网电源直接驱动的电动机噪声。通过接入电抗器，可以将噪声由 70～80 dB 降低到 5 dB 左右。

（2）降低输出谐波的不良影响。当负载电动机的阻抗比标准电动机小时，随着电动机电流的增加有可能出现过电流、变频器限流动作，以至于出现得不到足够大转矩、效率降低及电动机过热等异常现象。当这些现象出现时，应该选用输出交流电抗器使变频器的输出平滑，以减小输出诸波产生的不良影响。

输出交流电抗器是选购件，当变频器干扰严重或电动机振动时可考虑接入。通常，以下两种情况要使用输出交流电抗器：

（1）当变频器和电动机的距离较远（通常大于 30 m）时，线路的分布电容和分布电感随着导线的延长而增大，而线路的振荡频率会减小。当线路的振荡频率接近于变频器的输出电压载波频率时，电动机的电压将可能因进入谐振带而升高，过高的电压可能击穿电动机的绕组。因此，要接入输出交流电抗器。

（2）当电动机的功率大于变频器的容量时要接入输出交流电抗器。

3）直流电抗器

直流电抗器接在整流桥和滤波电容之间，由于其体积较小，因此许多变频器已将直流电抗器直接装在变频器内。直流电抗器用于改善电容滤波造成的输入电流畸变、改善功率因数、减少及防止因冲击电流造成的整流桥损坏和电容过热。当电源变压器和输入电线综合内阻较小（变压器容量大于电动机 10 倍以上）、电网变频器频繁动作时都需要使用直流电抗器。直流电抗器可将功率因数提高至 0.9 以上。直流电抗器除了提高功率因数外，还可削弱在电源刚接通瞬间的冲击电流。如果同时配用交流电抗器和直流电抗器，则可将变频调速系统的功率因数提高至 0.95 以上。

4. 滤波器

变频器的输入和输出电流中都含有很多高次谐波，这些高次谐波除了增加输入侧的无功功率、降低功率因数（主要是频率较低的谐波电流）外，频率较高的谐波电流以各种方式把自己的能量传播出去，形成对其他设备的干扰，严重的甚至还可能使某些设备无法正常工作。

滤波器就是用来削弱这些高频率谐波电流的，以防止变频器对其他设备造成干扰。滤波器主要由滤波电抗器和电容组成。应注意的是，变频器输出侧的滤波器中，电容器只能接在电动机侧，且应串入电阻，以防止逆变器因电容的充、放电而受冲击。

滤波器由各相的连接线在同一个磁芯上按相同方向绕 4 圈（输入侧）或 3 圈（输出侧）构成。需要说明的是，三相的连接线必须按相同方向绕在同一个磁芯上，从而其基波电流的合成磁场为 0，因而对基波电流没有影响。

对防止无线电干扰要求较高及要求符合 CE、UL、CSA 标准的使用场合，或变频器周围有抗干扰能力不足的设备等情况下，均应使用滤波器。安装时注意接线尽量缩短，滤波器应尽量靠近变频器。

5. 快速熔断器

1）快速熔断器的作用

快速熔断器在主电路中的作用是当电路中有短路电流（8～10 倍及以上的额定电流）时起短路保护作用。快速熔断器的优点是熔断速度比低压断路器的脱扣速度快。熔断器的缺点是可能造成主电路缺相。

2）快速熔断器的选用

快速熔断器的熔断电流 I_{FN} 一般用如下公式估算：

$$I_{FN} \geqslant （1.5～1.6）I_N \qquad\qquad （1-2-9）$$

式中　I_N——变频器额定电流。

1.2.4　变频器的安装

1）安装环境

（1）环境温度：变频器运行环境温度为 –10～40 ℃，避免阳光直射。

（2）环境湿度：变频器运行环境的相对湿度不超过 90%（无结露）为宜。

（3）振动和冲击：机械振动和冲击会引起电器接触不良。可采用的避免措施有提高控制柜的机械强度，远离振动源和冲击源，使用抗振橡皮垫固定控制柜，定期检查和维护。安装场所的周围振动加速度应小于 0.6 g（1 g=9.8 m/s^2）。

（4）电气环境：控制线应有屏蔽措施，母线与动力线要保持不小于 100 mm 的距离，产生电磁干扰的装置与变频器之间应采取隔离措施。

（5）其他条件：变频器应安装在不受阳光直射、无灰尘、无腐蚀性气体、无可燃气体、无油污、无蒸汽和滴水等环境中；变频器应用的海拔高度应低于 1 000 m。

2）安装方式

（1）墙挂式安装。

用螺栓垂直安装在坚固的物体上，不应平装或上下颠倒。因变频器在运行过程中会产生热量，必须保持冷风通畅，周围要留有一定的空间。

（2）柜式安装。

控制柜中安装是目前最好的安装方式，可以起到很好的屏蔽作用，同时也能防尘、防潮、防光照等。控制柜中安装分为单台变频器安装和多台变频器安装。

1.2.5　变频器接线

1. 主电路

1）主电路接线

变频器主电路的基本接线如图 1-2-8 所示。变频器的输入端和输出端绝对不允许接错，如果将电源进线接到变频器的输出端，无论哪个逆变器导通，都将引起两相间的短路而将逆变器烧坏。如果将 380 V 的线电压接入额定电压 220 V 的变频器，轻则击穿滤波电容（如三菱 FR-D720S 系列变频器为单相 220 V 供电），重则烧坏整流模块。而将 220 V 接入额定电压 380 V 的变频器，也不能正常工作，变频器不工作，显示报警参数为欠电压。

为了防止触电和减少电磁噪声，在变频器主端子排上设有接地端子。接地端子必须单独可靠接地，接地端子电阻要小于 1 Ω，而且接地线应尽量用粗线，接线应尽量短，接地点应尽量靠近变频器。当变频器和其他设备或有多台变频器一起接地时，每台设备都必须分别和地线相接，不允许将一台设备的接地端和另一台设备的接地端相接后再接地。

2）主电路线径选择

（1）电源和变频器之间的导线。

和同容量普通电动机的导线选择方法基本相同，考虑到变频器输入侧功率因数往往较低，应本着宜大不宜小的原则。

（2）变频器与电动机之间的导线。

决定输出导线线径的主要因素是导线电压降 ΔU，计算公式为

$$\Delta U = \frac{\sqrt{3} I_N R_0 L}{1\,000} \qquad (1-2-10)$$

式中 I_N——变频器额定电流；

R_0——每米导线电阻；

L——导线长度。

3）注意事项

（1）在变频器与电源线连接之前应先完成电源线的绝缘测试。

（2）确保与电源电压是匹配的，不允许把变频器连接到电压更高的电源上。

（3）在接通电源前必须确信变频器的接线端子的盖子已盖好。

（4）电源和电动机端子的连接时要保证一定的绝缘气隙和漏电距离。

变频器的设计是允许它在具有较强电磁干扰的工业环境下运行，如果安装质量良好就可以确保安全和无故障运行。

2. 控制电路接线

避免控制信号线与动力线平行布线或捆扎成束布线；易受影响的外围设备应尽量远离变频器安装；易受影响的信号线尽量远离变频器的输入、输出电缆；当操作台与控制柜不在一处或具有远方控制信号线，要对导线进行屏蔽，并特别注意各连接环节，以避免干扰信号窜入。

1）开关量控制线

控制中如启动、停止、多段速控制等的控制线，都是开关量控制线，建议控制电路的连接线采用屏蔽电缆。

2）模拟量控制线

模拟量控制线主要包括输入侧的频率给定信号线、反馈信号线和输出侧的频率信号线、电流信号线两类。模拟信号的抗干扰能力较低，必须使用屏蔽电缆。

任务实施

当变频器上电时，请不要打开前盖板，否则可能会发生触电事故。在前盖板及配线盖板

拆下时，请不要运行变频器，否则可能会接触到高压端子和充电部分而造成触电事故。即使电源处于断开时，除接线检查外，也不要拆下前盖板，否则，由于接触变频器带电回路可能造成触电事故。接线或检查前，请先断开电源，经过 10 min 等待以后，务必在观察到充电指示灯熄灭或用万用表等检测剩余电压安全以后再进行。不要用湿手操作开关、碰触底板或拔插电缆，否则可能会发生触电事故。

本次任务采用型号为 FR－E740－0.75K－CHT 的三菱变频器，每组 1 台。

1. 变频器的安装与端盖拆装

1）前盖板的拆装

功率为 7.5 kW 以下的变频器前盖板拆装时将前盖板沿箭头所示方向向前面拉，将其卸下，如图 1－2－9 所示。

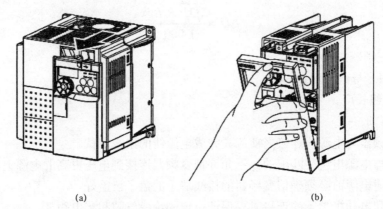

(a)   (b)

图 1－2－9　前盖板拆卸示意图

安装时将前盖板对准主机正面笔直装入，如图 1－2－10 所示。

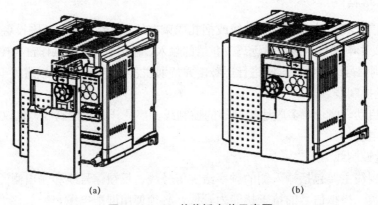

(a)   (b)

图 1－2－10　前盖板安装示意图

2）配线盖板的拆装

将配线盖板向前拉即可简单卸下。安装时请对准安装导槽将配线盖板装在主机上，如图 1－2－11 所示。

3）变频器的安装

变频器在安装柜内安装时取下前盖板和配线盖板后进行固定，如图 1-2-12 所示。

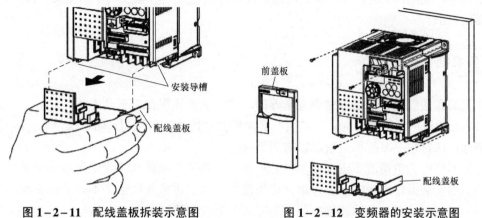

图 1-2-11　配线盖板拆装示意图　　　　图 1-2-12　变频器的安装示意图

2. 主电路接线

（1）根据任务要求画出变频器主电路接线电气原理图，三菱 FR-E740 系列变频器主电路接线如图 1-2-13 所示。在这个原理图中为了变频器运行过程中安全，增加了单独控制变频器的空气开关和用一个急停按钮控制的交流接触器来控制输入端的电源。

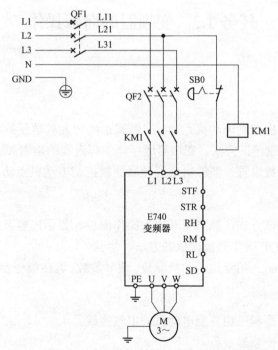

图 1-2-13　三菱 FR-E740 系列变频器主电路接线

（2）根据电气接线原理图，打印线号管，套好线号管。用剥线钳剥除导线，用压线钳压好冷压端子。

（3）打开前端盖，从控制柜门板的 L1、L2、L3 引导线到变频器的输入端 L1、L2、L3，变频器的输出端 U、V、W 到电动机，电动机采用三角形接法，完成主电路电气接线。检查无误后，盖好端盖，上电测试。特别注意：变频器的输入端和输出端不能接反，否则会烧坏变频器的 IGBT。

任务总结

在安装和接线过程中要注意职业素养的培养，主要体现在以下几方面：

（1）在松脱或紧固螺钉时，一定要沿着面板的对角线均匀用力，防止操作单元因受力不均而翘起；螺钉也不要拧得过紧，以防碎裂或滑丝。

（2）不要在带电情况下进行变频器的拆装，不要使变频器跌落或受到强烈撞击。

（3）当安装操作面板时，操作单元要先插入卡口，再推入锁住，不可平行插入。

（4）在变频器与电源线连接之前应先完成电源线的绝缘测试。

（5）在接通电源前必须确信变频器的接线端子盖已盖好，前盖板安装要牢固。

（6）防止螺钉、电缆碎片或其他导电物体或油类等可燃性物体进入变频器。

（7）确保与电源电压是匹配的，不允许将变频器连接到电压更高的电源上。特别注意：变频器的输入和输出不能接反，输入电压的等级要符合铭牌要求，否则可能烧坏变频器。

任务 1.3　变频器的面板操作

任务目标

本单元以变频器面板控制电动机点动、启停和正反转为教学任务，通过对变频器面板操作、主要参数设置、快速调试方法、变频器运行操作等内容的学习和训练，使学生熟悉变频器的调试方法、主要参数设置，能够实现变频器面板控制电动机点动、启停和正反转。

1. 知识目标

（1）了解变频器调试方式，熟悉变频器的操作面板、显示内容及按键设置。

（2）掌握变频器 BOP 操作面板调试的方法、步骤。

（3）掌握变频器控制三相异步电动机参数、频率参数、运转指令参数等主要参数的含义。

2. 技能目标

（1）能够进行变频器和三相异步电动机的电气接线。

（2）能够正确设置变频器参数。

（3）能够通过操作面板控制电动机启动/停止、正转/反转、加速/减速，监视变频器参数的变化。

任务分析

　　本任务主要是变频器的面板操作。通过教师的讲授以及示范操作引导学生学习，学生也可以查阅有关资料和网络视频来完成本任务。

知识准备

1.3.1　E740 变频器基本操作

　　1. E740 变频器的操作面板

　　使用变频器之前，首先要熟悉它的面板显示和键盘操作单元（或称控制单元），并且按使用现场的要求合理设置参数。FR‑E740 系列变频器的参数设置，通常利用固定在其上的操作面板（不能拆下）实现，也可以使用连接到变频器 PU 接口的参数单元（FR‑PU07）实现。使用操作面板可以进行运行方式、频率的设定，运行指令监视，参数设定，错误表示等。E740 变频器的操作面板如图 1‑3‑1 所示，其上半部为面板显示器，下半部为 M 旋钮和各种按键。它们的具体功能分别如表 1‑3‑1 和表 1‑3‑2 所示。

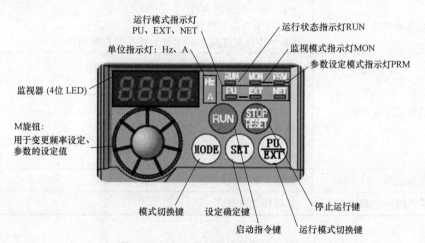

图 1‑3‑1　E740 变频器的操作面板

表 1‑3‑1　旋钮、按键功能

旋钮和按键	功　　能
M 旋钮 （三菱变频器旋钮）	旋动该旋钮用于变更频率设定、参数的设定值。按下该旋钮可显示以下内容： 监视模式时的设定频率； 校正时的当前设定值； 报警历史模式时的顺序
模式切换键 MODE	用于切换各设定模式。和运行模式切换键同时按下也可以用来切换运行模式。长按此键（2 s）可以锁定操作

续表

旋钮和按键	功　　能
设定确定键 SET	各种设定的确定。此外，当运行中按此键则监视器出现以下显示： 运行频率—输出电流—输出电压—运行频率
运行模式切换键 PU/EXT	用于切换 PU/外部运行模式。 使用外部运行模式（通过另接的频率设定电位器和启动信号启动的运行）时请按此键，使表示运行模式的 EXT 指示灯处于亮灯状态。 切换至组合模式时，可同时按 MODE 键 0.5 s，或者变更参数 Pr.79
启动指令键 RUN	在 PU 模式下，按此键启动运行。 通过 Pr.40 的设定，可以选择旋转方向
停止运行键 STOP/RESET	在 PU 模式下，按此键停止运转。 保护功能（严重故障）生效时，也可以进行报警复位

表 1-3-2　运行状态显示

显示	功能
运行模式指示灯	PU：PU 运行模式时亮灯； EXT：外部运行模式时亮灯； NET：网络运行模式时亮灯
监视器（4 位 LED）	显示频率、参数编号等
监视数据单位指示灯	Hz：显示频率时亮灯； A：显示电流时亮灯。 （显示电压时熄灯，显示设定频率监视时闪烁）
运行状态指示灯 RUN	当变频器动作中亮灯或者闪烁；其中： 亮灯——正转运行中； 缓慢闪烁（1.4 s 循环）——反转运行中； 下列情况下出现快速闪烁（0.2 s 循环）： 按键或输入启动指令都无法运行时； 有启动指令，但频率运行状态显示指令在启动频率以下时； 输入了 MRS 信号时
参数设定模式指示灯 PRM	参数设定模式时亮灯
监视模式指示灯 MON	监视模式时亮灯

2. 变频器的运行模式

由表 1-3-1 和表 1-3-2 可见，在变频器不同的运行模式下，各种按键、M 旋钮的功能各异。所谓运行模式是指对输入到变频器的启动指令和设定频率的命令来源的指定。一般来说，使用控制电路端子、在外部设置电位器和开关来进行操作的是"外部运行模式"，使用操作面板或参数单元输入启动指令、设定频率的是"PU 运行模式"，通过 PU 接口进行 RS-485 通信或使用通信选件的是"网络运行模式（NET 运行模式）"。在进行变频器操作以前，必须了解各种运行模式，才能进行各项操作。

FR-E740 系列变频器通过参数 Pr.79 的值来指定变频器的运行模式，设定值范围为 0、1、2、3、4、6、7；这 7 种运行模式的内容以及相关 LED 指示灯的状态如表 1-3-3 所示。

表 1-3-3　运行模式的内容以及相关 **LED** 指示灯的状态

设定值	内容		LED 显示状态 （▬：灭灯　▭：亮灯）
0	外部/PU 切换模式，通过 PU/EXT 键可切换 PU 与外部运行模式。 注意：接通电源时为外部运行模式		外部运行模式： EXT PU 运行模式： PU
1	固定为 PU 运行模式		PU
2	固定为外部运行模式； 可以在外部、网络运行模式间切换运行		外部运行模式： EXT 网络运行模式： NET
3	外部/PU 组合运行模式 1		PU　　EXT
3	频率指令	启动指令	
3	用操作面板设定或用参数单元设定，或外部信号输入【多段速设定，端子 4-5 间（AU 信号 ON 时有效）】	外部信号输入（端子 STF、STR）	
3	外部/PU 组合运行模式 2		
3	频率指令	启动指令	
3	外部信号输入（端子 2、4、JOG、多段速选择等）	通过操作面板的 RUN 键或通过参数单元的 FWD、REV 键来输入	
6	切换模式可以在保持运行状态的同时，进行 PU 运行、外部运行、网络运行的切换		PU 运行模式： PU 外部运行模式： EXT 网络运行模式： NET
7	外部运行模式（PU 运行互锁）： X12 信号 ON 时，可切换到 PU 运行模式（外部运行中输出停止）；X12 信号 OFF 时，禁止切换到 PU 运行模式		PU 运行模式： PU 外部运行模式： EXT

变频器出厂时，参数 Pr.79 设定值为 0。当停止运行时用户可以根据实际需要修改其设定值。修改 Pr.79 设定值的一种方法是：按 MODE 键使变频器进入参数设定模式；旋动 M 旋钮，选择参数 Pr.79，用 SET 键确定之；然后再旋动 M 旋钮选择合适的设定值，用 SET 键确定之；两次按 MODE 键后，变频器的运行模式将变更为设定的模式。

图 1-3-2 所示为设定参数 Pr.79 的一个例子，该例子把变频器从固定外部运行模式变更为组合运行模式 1。

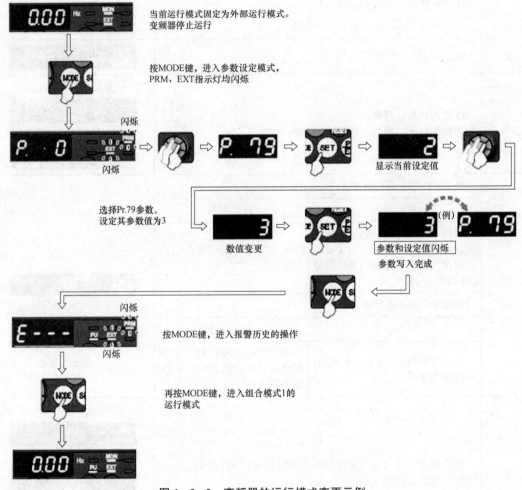

图 1-3-2　变频器的运行模式变更示例

1.3.2　变频器参数设置

1. 运行指令方式

变频器的运行指令方式是指通过指令控制变频器的基本运行功能，这些功能包括启动、停止、正转与反转、正向点动与反向点动、复位等。变频器的运行指令方式有操作面板控制、端子控制和通信控制三种类型。这些运行指令方式必须按照实际的需要进行选择设置，同时也可以根据功能进行方式的切换。

1）操作面板控制

操作面板控制是变频器最简单的运行指令方式，用户可以通过变频器操作面板上的运行键、停止键、点动键和复位键、正反转切换键直接控制变频器的运行。

操作面板控制的最大特点就是方便实用，操作面板既可以控制变频器，同时又能起到故障报警功能，能够将变频器是否运行、是否故障报警的信息告知用户，用户能直观地了解变频器是否确实在运行中，是否在报警（过载、超温、堵转等）以及故障类型。

2）端子控制

端子控制是指变频器通过其外接输入端子从外部输入开关信号（或电平信号）来进行控制的方式。这时，外接的按钮、选择开关、继电器、PLC 或 DCS 的继电器模块替代了操作面板上的运行键、停止键、点动键和复位键，可以远程控制变频器的运行。在众多品牌变频器的端子中有三种具体表现形式：

（1）上述几个功能都是由专用端子实现，即每个端子固定为一种功能。这种方式在早期的变频器中使用较为普遍。

（2）上述几个功能都是由通用的多功能端子实现，即每个端子都不固定，可以通过定义多功能端子的具体内容来实现。

（3）上述几个功能除正转、反转功能由专用固定端子实现外，其余如点动、复位、使能融合在多功能端子中实现。现在大部分变频器使用这种方式。

3）通信控制

通信控制的运行指令方式，在不增加线路的情况下，只需修改上位机给变频器的传输数据即可对变频器进行正反转、点动、故障复位等控制。

利用变频器的通信控制方式可以组成单主站/单从站或单主站/多从站的通信控制系统，利用上位机软件可实现对网络中变频器的实时监控，完成远程控制、自动控制，以及实现更复杂的运行控制，如无限多段程序运行。

常规的通信端子接线分为四种：

（1）变频器 RS-232 接口与上位机 RS-232 接口通信；

（2）变频器通过 RS-232 接口连接调制解调器 MODEM 后再与上位机相连；

（3）变频器 RS-485 接口与上位机 RS-485 接口通信；

（4）以太网通信。

2. 频率给定

改变变频器的输出频率就可以改变电动机的转速。要调节变频器的输出频率，变频器必须提供改变频率的信号，这个信号称为频率给定信号，所谓频率给定方式就是供给变频器给定信号的方式。

1）常用频率参数

（1）给定频率。

用户根据生产工艺的需求所设定的变频器输出频率称为给定频率。

（2）输出频率。

输出频率是指变频器实际输出的频率。

（3）基准频率。

基准频率也叫基本频率，一般以电动机的额定频率作为基本频率的给定值。这是因为若基准频率设定低于电动机额定频率，则当给定频率大于基准频率，电动机电压将会增加，输出电压的增加将引起电动机磁通的增加，使磁通饱和，励磁电流发生畸变，出现很大的尖峰电流，从而导致变频器因过流而跳闸。若基准频率设定高于电动机额定频率，则电动机电压将会减小，电动机的驱动负载能力下降。

（4）上限频率和下限频率。

上限频率和下限频率分别指变频器输出的最高、最低频率，常用 f_H 和 f_L 表示。当变频器的给定频率高于上限频率或者低于下限频率时，变频器的输出频率将被限制在上限频率或下限频率，如图 1－3－3 所示。

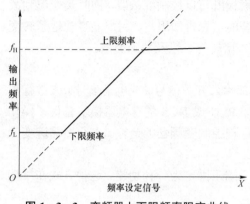

图 1－3－3　变频器上下限频率限定曲线

（5）点动频率。

点动频率是指变频器在点动运行时的给定频率。

（6）载波频率（PWM 频率）。

变频器大多采用 PWM 调制的形式进行频率调节，也就是说 PWM 变频器输出的电压是一系列脉冲，脉冲的宽度和间隔均不相等，其大小取决于调制波（基波）和载波（三角波）的交点。

（7）启动频率。

启动频率是指电动机开始启动时的频率。给定启动频率的原则：在启动电流不超过允许值的前提下，拖动系统能够顺利启动。

（8）多挡转速频率。

由于工艺上的要求不同，很多生产机械在不同的阶段需要在不同的转速下运行，例如铣床主轴变速箱有 15 挡。为方便这种负载，大多数变频器均提供了多挡转速频率控制功能，也简称为多段速。

常见的形式是在变频的控制端子中设置若干个开关，用开关状态的组合来选择不同挡频率。例如，三菱 FR－E740 系列变频器用 RH、RM、RL、REX 输入开关信号的不同组合可选择 15 个频率段。

（9）跳跃频率。

跳跃频率也叫回避频率，是指不允许变频器连续输出的频率，常用 f_J 表示。

变频器在预置跳跃频率时通常预置一个跳跃区间，区间的下限是 f_{J1}、上限是 f_{J2}，如果给定频率处于 f_{J1} 与 f_{J2} 之间，变频器的输出频率将被限制在 f_{J1}。变频器跳跃频率曲线如图 1－3－4 所示。

2）频率给定方式

与运转指令方式相似，变频器主要有三种频率给定方式可供用户选择，三菱 FR－E740 系列变频器是通过参数 Pr.79 实现的。

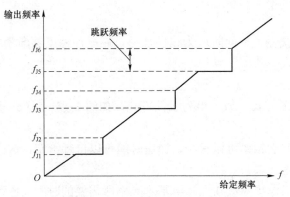

图1-3-4　变频器跳跃频率曲线

（1）面板给定方式。

设置 Pr.79＝0、1、3时，三菱 FR－E740系列通过旋转 M 旋钮可以给定频率。

（2）端子给定方式。

设置 Pr.79＝0、2、4时，通过外部的模拟量或数字量输入给定端口，可以将外部频率给定信号传送给变频器。

① 电压信号：一般有0～5 V、0～±5 V、0～10 V、0～±10 V等。

② 电流信号：一般有0～20 mA、4～20 mA两种。

③ 开关信号：用开关状态的组合来选择不同挡频率。

FR－E740系列变频器通过参数 Pr.73、Pr.267以及电压/电流输入切换开关，可以实现0～5 V、0～10 V、4～20 mA的可逆或不可逆运行。

（3）通信给定方式。

设置 Pr.79＝2或6时，由计算机或其他控制器通过通信接口进行给定。

3．启动、制动控制方式

1）加速特性

根据各种负载的不同要求，变频器给出了各种不同的加速曲线（模式）供用户选择。变频器的加速曲线有线性方式、S形方式和半S形方式等，如图1-3-5所示。

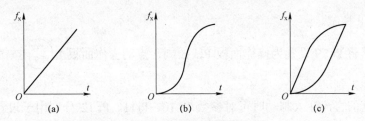

图1-3-5　变频器加速特性曲线

（a）线性方式；（b）S形方式；（c）半S形方式

（1）线性方式。

在加速过程中，频率与时间呈线性关系，如图1-3-5（a）所示，如果没有特殊要求，一般的负载大都选用线性方式。

（2）S 形方式。

初始阶段加速较缓慢，中间阶段为线性加速，尾端加速度逐渐为零，如图 1-3-5（b）所示。

（3）半 S 形方式。

加速时一半为 S 形方式，另一半为线性方式，如图 1-3-5（c）所示。

2）启动方式

变频器启动时，启动频率可以很小，加速时间可以自行给定，这样就能有效解决启动电流大和机械冲击的问题。

加速时间：是指工作频率从 0 上升至基本频率所需要的时间。各种变频器都提供了在一定范围内可任意给定加速时间的功能。

给定加速时间的基本原则：在电动机的启动电流不超过允许值的前提下，尽量地缩短加速时间。

3）减速特性

拖动系统的减速和停止过程是通过逐渐降低频率来实现的。

减速时间是指给定频率从基本频率下降至 0 所需的时间。

减速模式和加速模式相仿，也有三种方式：

（1）线性方式。

在减速过程中，频率与时间呈线性关系。

（2）S 形方式。

在开始阶段和结束阶段，减速过程比较缓慢，而在中间阶段，则按线性方式减速。

（3）半 S 形方式。

减速过程成半 S 形。

4）制动方式

变频器使电动机停车制动有以下几种方式：

（1）由外部端子控制。

三菱变频器将 Pr.79 设置为 EXT 外部端子控制，参数 Pr.250 设置端子 STF 和 STR 的断开制动时间。

（2）由 BOP 控制。

三菱变频器将 Pr.79 设置为操作面板 PU 控制，点动操作面板上 (STOP/RESET) 按键，即可停车。

（3）直流注入制动。

三菱变频器的直流注入制动时可对参数 Pr.10、Pr11、Pr.12 分别用于设置直流制动动作的频率、时间和电压。

（4）复合制动。

为了进行复合制动，应在交流电流中加入直流分量，制动电流可由参数设定。

（5）用外接制动电阻进行动力制动。

用外接制动电阻进行制动时，按线性方式平滑、可控地降低电动机的速度。

任务实施

在变频器拖动电动机投入运行前，需要对变频器的一些常用参数进行设置。下面就面板控制变频器的运行参数设置进行操作。通过变频器的面板控制变频器的运行，只需要将主电路连接好即可，三菱 FR−E740 系列变频器主电路接线如图 1−2−13 所示。

1. 参数清除（恢复出厂设置）

一般的，对于初学者，在重新对变频器参数进行规划设计时，可以将变频器参数恢复为出厂默认值（以下简称为初始值），这样可以免去一些不必要的参数检查工作。或者如果用户在参数调试过程中遇到问题，并且希望重新开始调试，可用参数清除操作方法实现。即在 PU 运行模式下，设定 Pr.CL 参数清除、ALLC 参数全部清除均为"1"，可使参数恢复为初始值（如果设定 Pr.77 参数写入选择"1"，则无法清除）。参数清除操作，需要在参数设定模式下，用 M 旋钮选择参数编号为 Pr.CL 和 ALLC，把它们的值均置为 1，参数全部清除的操作示意如图 1−3−6 所示。

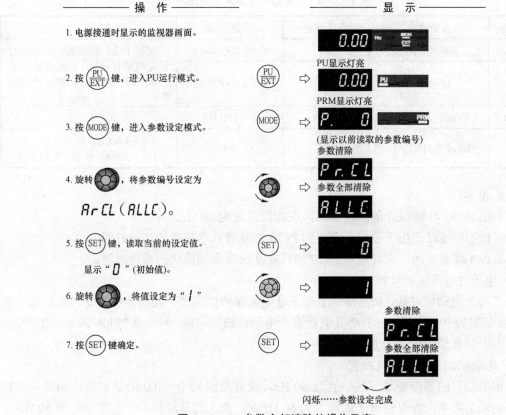

图 1−3−6　参数全部清除的操作示意

2. 参数的设定

变频器参数的出厂设定值被设置为完成简单的变速运行。如需按照负载和操作要求设定参数，则应进入参数设定模式，先选定参数号，然后设置其参数值。设定参数分两种情况，一种是停机 STOP 方式下重新设定参数，这时可设定所有参数；另一种是在运行时设定，这时只允许设定部分参数，但是可以核对所有参数号及参数。图 1-3-7 所示为参数设定过程的一个例子，所完成的操作是把参数 Pr.1（上限频率）从出厂设定值 120.0 Hz 变更为 50.0 Hz，假定当前运行模式为 EXT/PU 切换模式（Pr.79=0）。

FR-E740 系列变频器有几百个参数，实际使用时，只需根据使用现场的要求设定部分参数，其余按出厂设定即可。一些常用参数，则是应该熟悉的。下面介绍一些常用参数的设定。关于参数设定更详细的说明请参阅 FR-E740 系列变频器使用手册。

1）输出频率的限制（Pr.1、Pr.2、Pr.18）

为了限制电动机的速度，应对变频器的输出频率加以限制。用 Pr.1（上限频率）和 Pr.2（下限频率）来设定，可将输出频率的上、下限位。当在 120 Hz 以上运行时，用参数 Pr.18（高速上限频率）设定高速输出频率的上限。

2）加/减速时间（Pr.7、Pr.8、Pr.20、Pr.21）

各参数的意义及设定范围如表 1-3-4 所示。

表 1-3-4　各参数的意义及设定范围

参数号	参数意义	出厂设定	设定范围	备　　注
Pr.7	加速时间	5 s	0～3 600/360 s	根据 Pr.21 加减速时间单位的设定值进行设定。初始值的设定范围为 0～3 600 s、设定单位为 0.1 s
Pr.8	减速时间	5 s	0～3 600/360 s	
Pr.20	加/减速基准频率	50 Hz	1～400 Hz	
Pr.21	加/减速时间单位	0	0/1	0:0～3 600 s，单位：0.1 s；1:0～360 s，单位：0.01 s

设定说明：

（1）用 Pr.20 为加/减速的基准频率，在我国就选为 50 Hz。

（2）Pr.7 加速时间用于设定从停止到 Pr.20 加减速基准频率的加速时间。

（3）Pr.8 减速时间用于设定从 Pr.20 加减速基准频率到停止的减速时间。

3）电子过电流保护（Pr.9）

为了防止电动机过载，Pr.9 提供了电子过电流保护值设置，其初始值为变频器的额定电流，设置范围为 0～500 A。一般将其值设置为电动机额定电流，对于 0.75 kW 或以下的产品，应设定为变频器额定电流的 85%。

4）电动机的基准频率（Pr.3）

设定电动机的基准频率，初始值为 50 Hz，设置范围为 0～400 Hz。首先应确认电动机铭牌上的额定频率，如果铭牌上的频率为 60 Hz 时，Pr.3 的基准频率一定要设定为 60 Hz。

5）启动指令和频率指令的选择（Pr.79）

面板控制电动机运行 Pr.79 参数可以设置为 0 或者 1。

在本任务中要求按照表 1-3-5 所示参数对变频器参数进行设置。

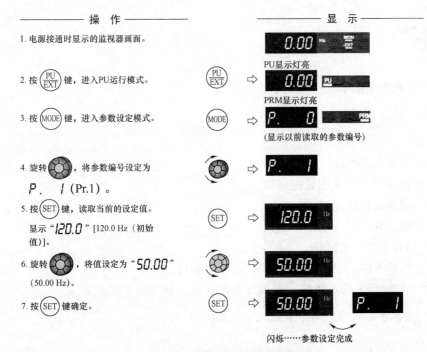

图 1-3-7　变更参数的设定值示例

表 1-3-5　参数设置

参数号	参数意义	设定值	参数号	参数意义	设定值
Pr.1	上限频率	60 Hz	Pr.9	电子过电流保护	0.6
Pr.2	下限频率	2 Hz	Pr.13	启动频率	0.5 Hz
Pr.3	基准频率	50 Hz	Pr.14	适用负载选择	1
Pr.7	加速时间	3	Pr.15	点动频率	10 Hz
Pr.8	减速时间	2	Pr.20	加/减速基准频率	50 Hz

3. 变频器参数监视

三菱变频器的监视模式有三种，即频率监视、电流监视、电压监视。在监视模式下，按下 SET 键可以循环显示输出频率（频率指示灯亮）、输出电流（电流指示灯亮）和电压（指示灯都不亮），如图 1-3-8 所示。可以通过参数设置变更监视内容。

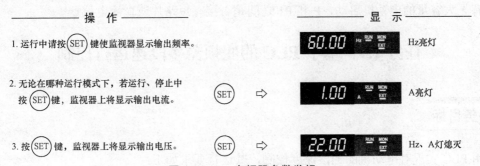

图 1-3-8　变频器参数监视

任务总结

FR－E740 系列变频器运行常见故障及检测

1. 报警（错误代码：Err）

检查要点：

RES 信号是否为 ON。

在外部运行模式下，试图设定参数。

运行中，试图切换运行模式。

在设定范围之外，试图设定参数。

PU 和变频器不能正常通信。

运行中（信号 STF、SRF 为 ON），试图设定参数。

在 Pr.77（参数写入禁止选择）参数写入禁止时，试图设定参数。

2. 过电流断路（错误代码：E.OC2、E.OC3）

检查要点：

负荷是否有急速变化，输出是否短路。

电动机是否急减速运行，输出是否短路，电动机的机械制动是否过早。

3. 过电压断路（错误代码：E.OV1、E.OV2、E.OV3）

检查要点：

加速度是否太小。

负荷是否有急速变化。

是否急减速运行。

4. 过载断路（错误代码：E.THM、E.THT）

检查要点：

电动机是否在过负荷状态下运行。

5. 欠压保护（错误代码：E.UVT）

检查要点：

有无大容量的电动机启动，P 和 P1 之间是否接有短路片或直流电抗器。

任务 1.4　基于 PLC 的变频器多段速运行控制

任务目标

用 PLC 实现对电动机的七段速度控制，其运行要求如下：

按下按钮 SB1，电动机以 30 Hz 频率正转，5 s 后以 25 Hz 反转，10 s 后以 40 Hz 反转，5 s 后以 15 Hz 正转，5 s 后以 20 Hz 正转直到按下按钮 SB2 电动机停止运行。

通过对变频器外部端子配线、变频器主要参数设置、运行调试方法等内容的学习与训练，使学生熟悉变频器的调试方法、主要参数设置，能够利用外部端子控制变频器运行，基本掌握 FX5U PLC 的编程软件 GX Works3 的使用。

1. 知识目标

（1）掌握变频器的数字量端子的配线原理。

（2）掌握利用变频器外部数字量端子实现电动机点动、正反转、多段速控制的相关参数设计。

（3）掌握利用变频器外部模拟量端子控制电动机转速的相关参数设计。

2. 技能目标

（1）能够进行变频器外部数字量端子的配线。

（2）能够正确设置外部端子控制变频器运行的参数。

（3）能够通过变频器外部数字量端子实现电动机点动、正反转、多段速控制。

（4）编程软件 GX Works3 的使用。

任务分析

根据任务要求和查阅有关资料，我们知道利用控制变频器运行的主要有以下几种方式：

（1）利用 PLC 的开关量信号控制变频器。

（2）利用 PLC 的模拟量信号控制变频器。

（3）PLC 采用 RS－485 的 MODBUS－RTU 通信方式控制变频器。

（4）PLC 采用现场总线通信方式控制变频器。

（5）PLC 采用 RS－485 无协议通信方法控制变频器。

本任务中我们要实现多段速的控制。在实际工业现场，为了能够实现远程操作，变频器提供外部端子控制方式，变频器的外部端子控制运行也有很多种情况，比如可以通过操作面板设定频率，外部按钮实现启动指令；也可以通过面板操作运行（RUN），通过模拟信号进行频率设定（电压/电流输入）；还可以通过外接硬件开关实现启动运行指令和频率组合指令等。本任务主要是采用 PLC 输出的开关量信号控制变频器实现对变频器的多段速控制。通过教师的讲授以及引导学生学会查阅有关资料完成本任务。

知识准备

1.4.1　认识变频器外部端子

1. 三菱 FR－E740 系列变频器的外部端子分布

三菱 FR－E740 系列变频器的外部端子分布如图 1－4－1 所示。

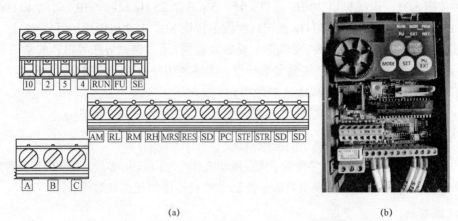

(a)　　　　　　　　　　　　　　　　(b)

图 1-4-1　三菱 FR-E740 系列变频器的外部端子分布

（a）分布图；（b）实物图

三菱 FR-E740 系列变频器外部输入端子功能如表 1-4-1 所示。外部端子 2、4、5、10 的功能是固定的，部分端子可以通过 Pr.178～Pr.184、Pr.190～Pr.192（输入/输出端子功能选择参数）选择端子功能。通过选择不同外部输入端子，并进行相应的参数设计可以实现对电动机正反转、多段速控制。

表 1-4-1　三菱 FR-E740 系列变频器外部输入端子功能

端子记号	端子名称	端子功能说明		额定规格
STF	正转启动	STF 信号为 ON 时为正转指令，为 OFF 时为停止指令	STF、STR 信号同时为 ON 时变成停止指令	输入电阻 4.7 kΩ；开路时电压为 DC 21～26 V；短路时电流为 DC 4～6 mA
STR	反转启动	STR 信号为 ON 时为反转指令，为 OFF 时为停止指令		
RH/RM/RL	多段速选择	用 RH、RM 和 RL 信号的组合可以选择多段速度		
MRS	输出停止	MRS 信号为 ON（20 ms 以上）时，变频器输出停止。用电磁制动停止电动机时用于断开变频器的输出		
RES	复位	复位用于解除保护回路动作时的报警输出。使 RES 信号处于 ON 状态 0.1 s 或以上，然后断开。初始设定为始终可进行复位。但进行了 Pr.75 的设定后，仅在变频器报警发生时可进行复位，复位所需时间约为 1 s		
SD	接点输入公共端（漏型）	接点输入端子（漏型逻辑）		
	外部晶体管公共端（源型）	源型逻辑时应当连接晶体管输出（即集电极开路输出），将晶体管输出用的外部电源公共端接到该端子时，可以防止因漏电引起的误动作		
	DC 24 V 电源公共端	DC 24 V　0.1 A 电源（端子 PC）的公共输出端子与端子 5 及端子 SE 绝缘		

续表

端子记号	端子名称	端子功能说明	额定规格
PC	接点输入公共端（漏型）	漏型逻辑时应当连接晶体管输出（即集电极开路输出），将晶体管输出用的外部电源公共端接到该端子时，可以防止因漏电引起的误动作	电源电压范围 DC 22～26.5 V；容许负载电流 100 mA
	外部晶体管公共端（源型）	接点输入端子（源型逻辑）的公共端子	
	DC 24 V 电源公共端	可作为 DC 24 V、0.1 A 的电源使用	
10	频率设定用电源	作为外接频率设定（速度设定）用电位器时的电源使用	DC 5 V 容许负载电流 10 mA
2	频率设定（电压）	如果输入 DC 0～5 V（或 0～10 V），在 5 V（10 V）时为最大输出频率，输入输出成正比。通过 Pr.73 进行 DC 0～5 V（初始设定）和 DC 0～10 V 输入的切换操作	输入电阻（10±1）kΩ 最大容许电压 DC 20 V
4	频率设定（电流）	如果输入 DC 4～20 mA（或 0～5 V，0～10 V），在 20 mA 时为最大输出频率，输入输出成比例。只有 AU 信号为 ON 时端子 4 的输入信号才会有效（端子 2 的输入将无效）。通过 Pr.267 进行 4～20 mA（初始设定）和 DC 0～5 V、DC 0～10 V 输入的切换操作。电压输入（0～5 V/0～10 V）时，请将电压/电流输入切换开关切换至"V"	电流输入的情况下：输入电阻（233±5）Ω；最大容许电流 30 mA。电压输入的情况下：输入电阻（10±1）kΩ；最大容许电压 DC 20 V
5	频率设定公共端	是频率设定信号（端子 2 或 4）及端子 AM 的公共端子，请不要接大地	

2. 多段速运行模式

在外部操作模式或组合操作模式 2 下，变频器可以通过外接的开关器件的组合通断改变输入端子的状态来实现。这种控制频率的方式称为多段速控制功能。

FR－E740 系列变频器的速度控制端子是 RH、RM 和 RL。通过这些开关的组合可以实现三段、七段的控制。转速的切换：由于转速的挡次是按二进制的顺序排列的，故三个输入端可以组合成三段至七段（0 状态不计）转速。其中，三段速由 RH、RM、RL 单个通断来实现，七段速由 RH、RM、RL 通断的组合来实现。使用外部端子手动模式控制三菱 FR－E740 系列变频器多段速运行的接线图如图 1－4－2 所示。

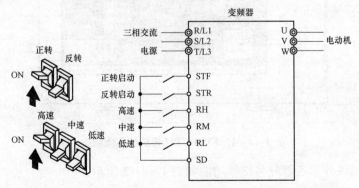

图 1－4－2　三菱 FR－E740 系列变频器多段速运行的接线图

七段速的各自运行频率则由参数 Pr.4～Pr.6（设置前三段速的频率）、Pr.24～Pr.27（设置第四段速至第七段速的频率）对应的控制端状态及参数关系决定，如图 1-4-3 所示。

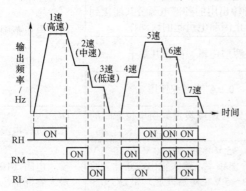

1速：RH 单独接通，Pr.4 设定频率；
2速：RM 单独接通，Pr.5 设定频率；
3速：RL 单独接通，Pr.6 设定频率；
4速：RM、RL 同时通，Pr.24 设定频率；
5速：RH、RL 同时通，Pr.25 设定频率；
6速：RH、RM 同时通，Pr.26 设定频率；
7速：RH、RM、RL 全通，Pr.27 设定频率

图 1-4-3　多段速控制对应的控制端状态及参数关系

多段速度在 PU 运行和外部运行中都可以设定，运行期间参数值也能被改变。三速设定的场合（Pr.24～Pr.27 设定为 9 999），两速以上同时被选择时，低速信号的设定频率优先。

如果把参数 Pr.183 设置为 8，将 RMS 端子的功能转换成多速段控制端 REX，就可以用 RH、RM、RL 和 REX 通断的组合来实现 15 段速。详细的说明请参阅 FR-E740 系列变频器使用手册。

1.4.2　FX5UCPU 模块认识

1. FX5UCPU 模块

（1）FX5UCPU 模块的正面结构如图 1-4-4 所示。

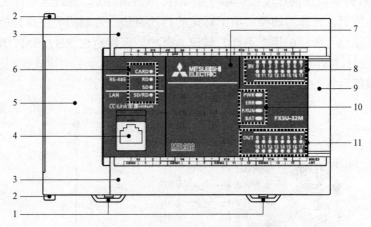

图 1-4-4　FX5UCPU 模块的正面结构

FX5UCPU 模块外部各部分名称和功能如表 1-4-2 所示。

表 1-4-2　FX5UCPU 模块外部各部分名称和功能

编号	名称	内容
1	DIN 导轨安装用卡扣	用于将 CPU 模块安装在 DIN46277（宽度：35 mm）的 DIN 导轨上的卡扣
2	扩展适配器连接用卡扣	连接扩展适配器时，用该卡扣固定
3	端子排盖板	保护端子排的盖板。接线时可打开此盖板作业，运行（通电）时，请关上此盖板
4	内置以太网通信用连接器	用于连接支持以太网的设备的连接器。（带盖）关于详细内容，请参照 MELSEC iQ-FFX5 用户手册（以太网通信篇）
5	上盖板	保护 SD 存储卡槽、RUN/STOP/RESET 开关等的盖板。内置 RS-485 通信用端子排、内置模拟量输入输出端子排、RUN/STOP/RESET 开关、SD 存储卡槽等位于此盖板下
6	CARD LED	显示 SD 存储卡是否可以使用。灯亮：可以使用或不可拆下；闪烁：准备中；灯灭：未插入或可拆下
	RD LED	用内置 RS-485 通信接收数据时灯亮
	SD LED	用内置 RS-485 通信发送数据时灯亮
	SD/RD LED	用内置以太网通信收/发数据时灯亮
7	连接扩展板用的连接器盖板	保护连接扩展板用的连接器、电池等的盖板。电池安装在此盖板下
8	输入显示 LED	输入接通时灯亮
9	次段扩展连接器盖板	保护次段扩展连接器的盖板。将扩展模块的扩展电缆连接到位于盖板下的次段扩展连接器上
10	PWR LED	显示 CPU 模块的通电状态。灯亮：通电中；灯灭：停电中或硬件异常
	ERR LED	显示 CPU 模块的错误状态。灯亮：发生出错中或硬件异常；闪烁：出厂状态、发生错误中、硬件异常或复位中；灯灭：正常动作中
	P.RUN LED	显示程序的动作状态。灯亮：正常动作中；闪烁：PAUS E 状态；灯灭：停止中或发生停止错误中
	BAT LED	显示电池的状态。闪烁：发生电池错误中；灯灭：正常动作中
11	输出显示 LED	输出接通时灯亮

（2）打开正面盖板的状态。

FX5UCPU 模块打开盖板后内部结构如图 1-4-5 所示。

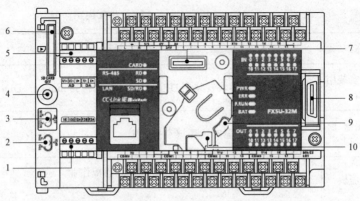

图 1-4-5　FX5UCPU 模块打开盖板后内部结构

其各部分名称和功能如表 1-4-3 所示。

表 1-4-3　FX5UCPU 模块内部结构各部分名称和功能

编号	名称	内容
1	内置 RS-485 通信用端子排	用于连接支持 RS-485 的设备的端子排
2	RS-485 终端电阻切换开关	切换内置 RS-485 通信用的终端电阻的开关
3	RUN/STOP/RESET 开关	操作 CPU 模块的动作状态的开关。 RUN：执行程序； STOP：停止程序； RESET：复位 CPU 模块（倒向 RESET 侧保持约 1 s）
4	SD 存储卡使用停止开关	拆下 SD 存储卡时停止存储卡访问的开关
5	内置模拟量输入输出端子	用于使用内置模拟量功能的端子排
6	SD 存储卡槽	安装 SD 存储卡的槽
7	连接扩展板用的连接器	用于连接扩展板的连接器
8	次段扩展连接器	连接扩展模块的扩展电缆的连接器
9	电池座	存放选件电池的支架
10	电池用接口	用于连接选件电池的连接器

2. FX5UCPU 模块功能

FX5UCPU 模块功能如表 1-4-4 所示。

表 1-4-4　FX5UCPU 模块功能

功能	内容
固件更新功能	使用 SD 存储卡更新该模块固件版本的功能
扫描监视功能 （看门狗定时器设置）	通过监视扫描时间，检测出 CPU 模块的硬件及程序的异常
时钟功能	用于事件履历功能、数据记录功能中的日期等系统执行功能中的时间管理

续表

功能		内容
运行中写入	运行中梯形图块更改	以梯形图为单位将在工程工具上的梯形图编辑画面中编辑的部分写入 CPU 模块，可将横跨多个位置编辑的内容同时写入 CPU 模块
中断功能	多重中断功能	在中断程序执行时发生了其他原因的中断的情况下，根据设置的优先度，中断优先度低的程序的执行，执行其执行条件成立且优先度高的程序
PID 控制功能		通过 PID 控制指令进行 PID 控制
恒定扫描		将扫描时间保持在一定时间的同时，反复执行程序
远程操作	远程 RUN/STOP	将 CPU 模块的 RUN/STOP/RESET 开关保持为 RUN 位置的状态下，从外部将 CPU 模块置为 RUN/STOP/PAUSE 状态
	远程 PAUSE	
	远程 RESET	在 CPU 模块处于 STOP 状态时，通过外部操作对 CPU 模块进行复位
软元件/标签存储器区域设置		设置软元件/标签存储器各区域的容量
软元件初始值设置		以无程序方式将程序中使用的软元件设置到软元件中
锁存功能		电源 OFF→ON 等情况时，也会对 CPU 模块的软元件/标签的内容进行停电保持
存储卡功能	SD 存储卡强制停止	即使正在执行使用了 SD 存储卡的功能，也可在不切断电源的情况下停止使用 SD 存储卡
	引导运行	在 CPU 模块的电源 OFF→ON 时或复位时，将保存在 SD 存储卡内的文件传送至 CPU 模块自动判别的传送目标存储器
软元件/标签访问服务处理设置		通过参数对 END 处理中实施的软元件/标签访问服务处理的执行次数进行设置
数据记录功能		以指定的间隔或任意时机采集数据，且将采集的数据作为文件保存到 SD 存储卡中
RAS 功能	自诊断功能	CPU 模块自身诊断有无异常
	出错解除	批量解除发生中的继续运行型出错
	事件履历功能	CPU 模块对于 CPU 模块、扩展板、扩展适配器执行的操作或已发生的出错重采集、保存。已保存的履历可按照时间系列确认
安全功能		防止因第三方的非法访问对计算机中保存的用户资源和 FX5 系统中模块内的用户资源进行盗用、篡改、误操作、非法执行等
高速输入输出功能	高速计数器功能	使用 CPU 模块及高速脉冲输入输出模块的输入，可执行高速计数器、脉冲宽度测定、输入中断等功能
	脉冲宽度测定功能	
	输入中断功能	
	定位功能	使用 CPU 模块的晶体管输出及高速脉冲输入输出模块，可进行定位动作
	PWM 输出功能	使用 CPU 模块的晶体管输出及高速脉冲输入输出模块，可进行 PWM 输出
内置模拟量功能*1	模拟量输入功能	模拟量输入 2 点、模拟量输出 1 点内置于 FX5UCPU 模块中，可进行电压输入/电压输出
	模拟量输出功能	

功能	内容
内置以太网功能	通过 MELSOFT 产品及 GOT 之间的连接、Socket 通信及 FTP 的文件传送等以太网相关的功能
CC-Link IE 现场网络 Basic 功能	通过通用以太网实现主站和从站之间通信的功能
串行通信功能	是简易 PLC 间链接、MC 协议、变频器通信功能、无顺序通信等串行通信相关的功能
MODBUS RTU 通信功能	可连接支持 MODBUS RTU 的产品，可使用主站及从站功能

1.4.3 GX Works3 软件简单使用

1. GX Works3 软件创建程序流程及画面构成

1）流程图

图 1-4-6 所示为从创建程序到在 CPU 模块上执行的流程图。

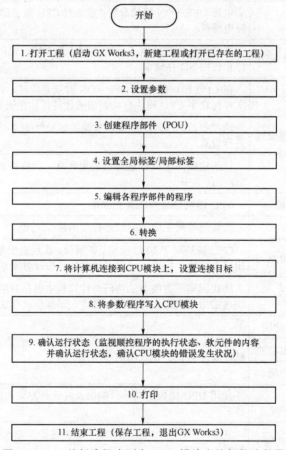

图 1-4-6 从创建程序到在 CPU 模块上执行的流程图

2）GX Works3 启动

（1）双击桌面 图标，打开 GX Works3 软件。

（2）单击 Windows 的开始菜单→"MELSOFT Application（MELSOFT 应用程序）"→"GX Works3" 打开 GX Works3 软件。

3）GX Works3 的画面构成

启动软件后，将显示全体的画面构成，如图 1-4-7 所示。该画面为显示工作窗口及各折叠窗口时的状态。

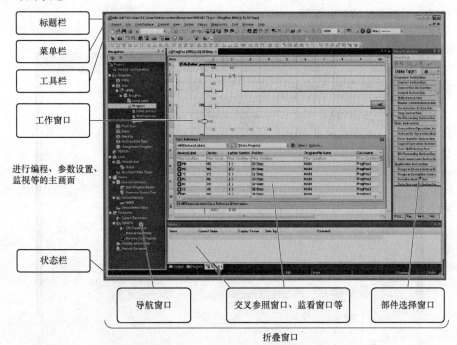

图 1-4-7　GX Works3 的画面构成

2. 创建工程文件

1）新建工程

安全工程需要用户认证功能的用户信息，因此，新建工程时会要求用户登录。除安全工程外其余工程新建过程如下：单击"Project（工程）"→"New（新建）"，设置各项目，单击"OK（确定）"按钮。选择程序语言时有梯形图、ST、FBD/LD 和不指定几种不同的选择，如图 1-4-8 所示。

图 1-4-8　新建工程

注意：选择了 GX Works3 所不支持的系列"QCPU（Q 模式）、LCPU、FXCPU"时，会启动 GX Works2 以新建工程，且仅在安装有 GX Works2 时会自动启动。

2）打开工程

读取保存在计算机硬盘中的工程。另外，在工程中登录有用户信息时，需要用户认证。打开已有工程过程如下："Project（工程）"→"Open（打开）"，设置各项目，单击"Open（打开）"按钮，如图 1-4-9 所示。

图 1-4-9 打开工程

注意：打开正由其他用户编辑的工程时可以通过只读方式打开。但是无法使用保存工程及机型/运行模式更改。对由 GX Works2 创建的工程，通过 GX Works3 进行机型更改后打开。仅支持通用型 QCPU/通用型高速类型 QCPU/FXCPU（FX3U/FX3UC）的工程。

3）保存工程

将工程保存至计算机的硬盘等。

工程保存有工程另存为和保存工程两种不同的保存模式。其操作过程分别为单击"Project（工程）"→"Save As（另存为）"和单击"Project（工程）"→"Save（保存）"，设置各项目，单击"Save（保存）"按钮，如图 1-4-10 所示。

4）删除工程

删除保存在计算机硬盘中的工程。

其操作过程为单击"Project（工程）"→"Delete（删除）"。如图 1-4-11 所示，选择要删除的工程，单击"Delete（删除）"按钮。

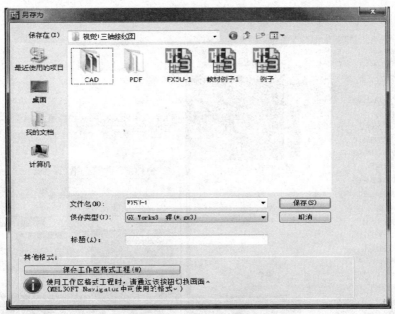

图 1-4-10　保存工程

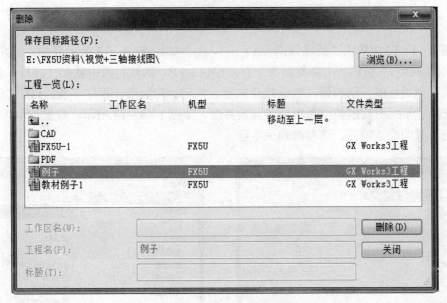

图 1-4-11　删除工程

3. 创建数据

1）新建数据

在工程中新建数据。其操作过程为在菜单栏单击"Project（工程）"→"Data Operation（数据操作）"→"Add New Data（新建数据）"或在导航窗口中选择工程然后右键单击快捷菜单"Add New Data（新建数据）"，如图 1-4-12 所示。

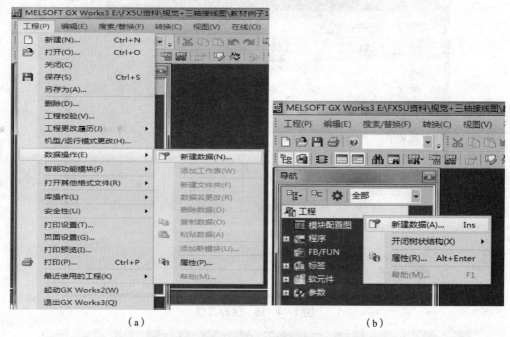

（a）　　　　　　　　　　　　（b）

图1-4-12　新建数据（1）

在图1-4-12中单击"新建数据（A）…"，出现如图1-4-13所示界面，设置各项目，单击"OK（确定）"按钮。主要数据类型有程序块、FB、函数、通用软元件注释、各程序软元件注释、全局标签、结构体、软元件存储器、软元件初始值、程序文件、FB 文件、FUN文件。选择了不同的数据类型会出现不同的界面，如图1-4-13所示。数据类型为FB、FB文件、函数时的设置项目，请参照相关手册。

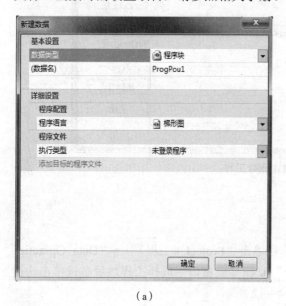 

（a）　　　　　　　　　　　　（b）

图1-4-13　新建数据（2）

（c）

图 1-4-13　新建数据（2）（续）

注意：

（1）通过新建添加了 FB、函数的数据时，FB 文件、FUN 文件将变为未转换状态。

（2）FB 文件、FUN 文件从转换完成状态变为未转换状态时，使用了 FB、函数的所有程序均将变为未转换状态。

（3）程序文件中不可同时存在 SFC 数据和 SFC 以外（梯形图、ST、FBD/LD）的程序块。

2）数据属性

显示文件夹、参数、程序等数据的属性。此外，还可以为各数据添加标题及注释。其操作过程为在菜单栏单击 "Project（工程）"→ "Data Operation（数据操作）"→ "Properties（属性）" 或在导航窗口中选择工程然后右键单击选择快捷菜单 "Properties（属性）"，如图 1-4-14 所示。

设置各项目，单击 "OK（确定）" 按钮。

4．工程的机型/运行模式更改

将编辑中的工程更改为其他机型/运行模式。

工程更改履历中登录有履历的情况下，机型/运行模式更改后履历仍旧保持。对于 RnP CPU 系列机型可以只更改运行模式，而不改机型。远程起始模块不支持机型/运行模式更改。

其操作过程为：单击 "Project（工程）"→ "Change Module Type/Operation Mode（机型/运行模式更改）"，出现如图 1-4-15 所示画面，在图中选择要更改的机型/运行模式，单击 "OK（确定）" 按钮。通过工程校验对更改后的工程和更改前的工程进行比较，确认更改点。根据更改后的机型/运行模式，编辑各数据。

注意：

（1）执行机型/运行模式更改后，将无法返回原数据，应事先保存好工程数据之后再执行。此外，更改后的工程会变为未保存的状态。

（2）使用了 CPU 模块的模块标签时，机型更改前的模块标签将被删除，并添加机型更改后的模块标签。因此，机型更改后有时需要修正程序。

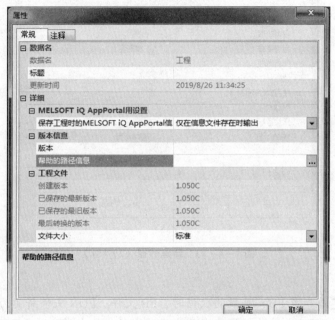

图 1-4-14　数据属性操作

（a）　　　　　　　　　　　　（b）

图 1-4-15　工程的机型/运行模式更改

5. 模块配置图的创建和参数设置

在 GX Works3 中，通过模块配置图可以像装配实际的机器一样设置可编程控制器的参数，还可以像 GX Works2 那样通过导航窗口设置参数。

通过使用模块配置图，可以简单地进行以下操作：

（1）可视化显示实际的可编程控制器系统的配置；

（2）各种模块的参数设置；

（3）批量输入起始；

（4）批量输入默认点数；

（5）电源容量/输入输出点数的检查；

（6）系统配置的检查。

但 FX5U 不支持批量输入起始、批量输入默认点数、电源容量/输入输出点数的检查。

1）模块配置图的创建和配置

该功能是以与实际系统相同的配置，在模块配置图中配置模块部件（对象）。GX Works3 的模块配置图中可以创建的范围为工程的 CPU 模块所管理的范围。

双击导航窗口上的"Module Configuration Diagram（模块配置图）"，对于 FX5UCPU 直接将需要的模块从部件选择对话框中拖拽到连接位置即可，需要什么模块就拖拽什么模块，同时会在左边的导航栏的参数中显示出该模块的名称，在配置详细信息栏显示该模块的详细配置，如图 1－4－16 所示。

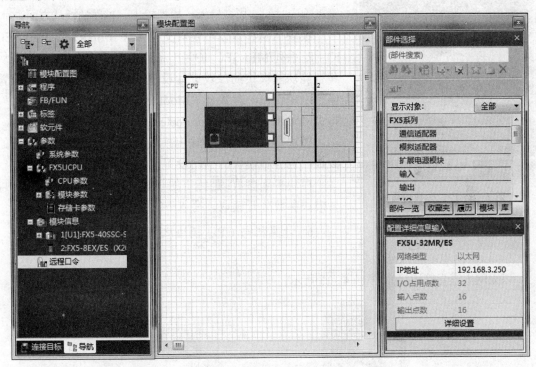

图 1－4－16　模块配置

对于 GX Works3 支持的 MELSEC iQ－R 和 Q 系列模块的对象，从部件选择窗口中选择主基板，并拖放到模块配置图上。从部件选择窗口中再选择其他模块，并拖放到配置的基板模块上。拖放过程中，可配置的位置会高亮显示。

2）参数的设置

要使可编程控制器动作，必须对各模块的参数进行设置。这里的参数设置主要有系统参数、CPU 参数、模块信息及远程口令四种，如图 1－4－17 所示。

图 1-4-17 参数设置

系统参数、CPU 参数及模块信息会按不同的目的显示参数项目。需要设置某个参数时就双击导航窗口对应的选项，会弹出不同的参数设置界面。

系统参数设置是指对系统的模块配置等系统配置所需的项目进行设置。这里的"系统"，在 RCPU 中指的是由扩展电缆连接的一系列主基板模块、扩展基板模块、RQ 扩展基板模块构成的系统；在 FX5CPU 中指的是由连接到CPU 模块的模块、适配器构成的系统。系统参数设置主要有设置 I/O 分配设置、多 CPU 设置、模块间同步设置等与系统整体相关的参数。

CPU 参数设置是设置 CPU 模块自身功能的动作内容。注意 FX5UCPU 和其他系列的 PLC 在这个参数设置上的不同。FX5UCPU 中模块参数包含了以太网端口、485 串口、高速 I/O、输入响应时间、模拟输入、模拟输出、扩展插板几方面。

模块信息参数设置是对支持 GX Works3 的 MELSEC iQ-R 系列/MELSEC iQ-F 系列/Q 系列的输入/输出模块和智能功能模块的参数进行设置，包含各模块的初始设置值及刷新设置。参数分"Module Parameter（模块参数）"与"Module Extended Parameter（模块扩展参数）"两种。

模块参数：是输入/输出模块及智能功能模块中设置的参数，包含各模块的初始设置值及刷新设置。

模块扩展参数：是特定的智能功能模块中设置的参数，与模块参数分开读取、写入。

6. 计算机与 CPU 模块之间的连接

1）以太网电缆直接连接

以太网电缆直接连接如图 1-4-18 所示。

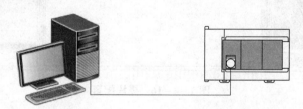

图 1-4-18 以太网电缆直接连接

直接连接计算机与 CPU 模块时的步骤如下：

（1）使用以太网电缆连接计算机与 CPU 模块。

（2）从工程工具菜单中选择"在线"→"当前连接目标"，出现如图 1-4-19 所示画面。

（3）在图 1-4-19 中，选择"其他连接方法"选项及其按钮，弹出如图 1-4-20 所示"连接目标指定 Connection"画面。

图 1-4-19　简易连接目标设置画面

（4）在图 1-4-20 画面中，单击"CPU 模块直接连接设置"按钮，出现如图 1-4-21 所示"CPU 模块直接连接设置"画面。

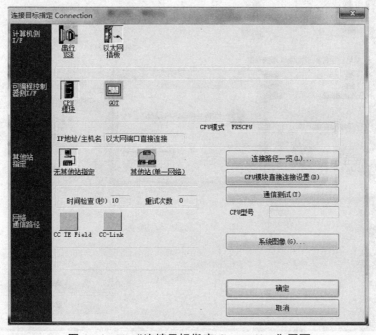

图 1-4-20　"连接目标指定 Connection"画面

（5）在图1-4-21中与CPU模块的连接方法上选择"以太网"，单击"是"按钮，又返回到图1-4-19所示画面。

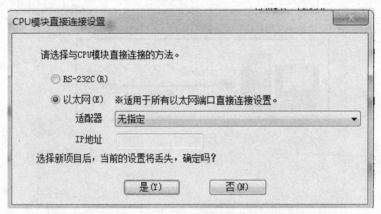

图1-4-21 "CPU模块直接连接设置"画面

（6）在图1-4-19中，单击"通信测试"按钮，确认能否与CPU模块连接。连接成功画面如图1-4-22所示。如果连接不成功会提示可能不成功的原因，根据这些原因进行修改设置再测试，直到连接成功。

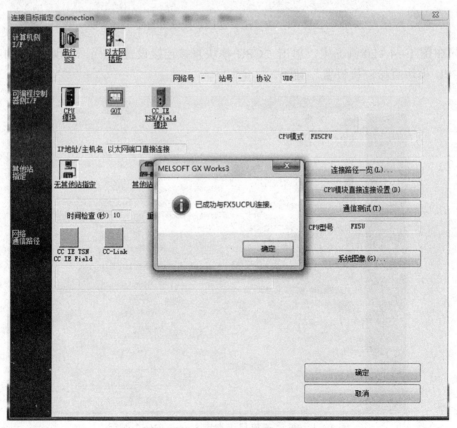

图1-4-22 CPU连接成功画面

2）以太网电缆经由集线器连接

以太网电缆经由集线器连接如图 1 - 4 - 23 所示。

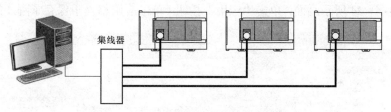

图 1 - 4 - 23　以太网电缆经由集线器连接

经由集线器连接以太网时，需要对计算机和 CPU 模块进行设置。经由集线器连接计算机与 CPU 模块时的步骤如下：

（1）CPU 模块侧的设置。

① 模块参数的设置。

选择导航窗口→"参数"→"FX5UCPU"→"模块参数"→"以太网端口"→"基本设置"→"自节点设置"，如图 1 - 4 - 24 所示。

图 1 - 4 - 24　"模块参数以太网端口"设置画面

在图 1 - 4 - 24 中：

第一步：设置 CPU 模块侧的 IP 地址，单击"应用"按钮。

第二步：进行连接设置。在图 1 - 4 - 24 "模块参数以太网端口"画面，选择"基本设置"→"对象设备连接配置设置"→"详细设置"→"以太网配置（内置以太网端口）"，如图 1 - 4 - 25 所示。

第三步：在图1-4-25中将右侧的"模块一览"的"MELSOFT连接设备"拖放到画面左侧，在"协议"中选择适合对方设备的协议。然后单击画面上方的"反映设置并关闭"按钮，画面返回图1-4-24所示画面，单击"应用"按钮（单击应用相当于保存了刚才的设置内容）。

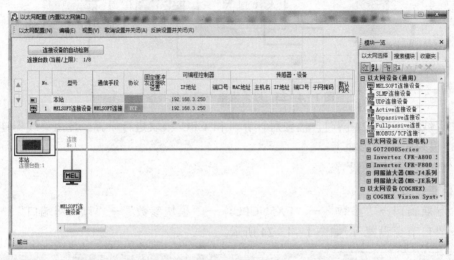

图1-4-25　"以太网配置"画面

② 写入CPU模块。

将已设置的参数写入CPU模块。在工程工具的菜单中选择"在线"→"写入至可编程控制器"，会弹出如图1-4-26所示"在线数据操作"画面。填写一些相关参数后，单击右下角的执行按钮就可以写入CPU模块了。向CPU模块写入参数后，通过电源OFF→ON或复位将参数设为有效。

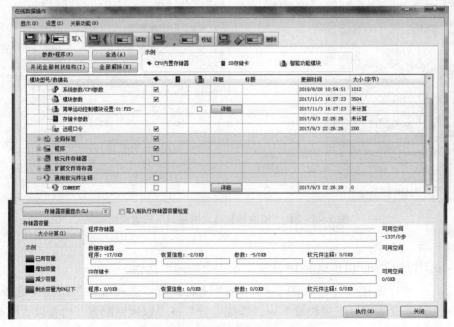

图1-4-26　"在线数据操作"画面

写入的数据有些选项要注意，在图1－4－26中左上角有"参数＋程序""全选""全部解除"可以快捷选择，也可以打开树状结构进行选择，还可以进行存储容量的检查。

（2）工程工具侧的设置。

工程工具的设置在"连接目标指定Connection"画面进行，如图1－4－20所示。

第一步：将计算机侧I/F设置为"Ethernet Board（以太网插板）"。

第二步：将可编程控制器侧I/F设为"PLC Module（CPU模板）"。双击画面上的"CPU模块"弹出如图1－4－27所示画面，在图1－4－27"可编程控制器侧I/F CPU模块详细设置"画面中选择"经由集线器连接"选项，按右侧画面内容输入CPU模块侧的IP地址或主机名。主机名设置为在Microsoft Windows的hosts文件中设置的名称。单击"确定"按钮，返回图1－4－20"连接目标指定Connection"画面。

图1－4－27　"可编程控制器侧I/F CPU模块详细设置"画面

注：在图1－4－27"可编程控制器侧I/F CPU模块详细设置"画面使用"搜索"按钮后，可以搜索连接的CPU模块的IP地址，对"IP地址"进行设置。

第三步：在图1－4－20"连接目标指定Connection"画面双击画面的"No Specification（无其他站指定）"设置其他站点指定，弹出如图1－4－28所示画面，在该画面中根据使用环境进行设置。

3）使用RS－232C电缆

使用RS－232C电缆连接如图1－4－29所示。

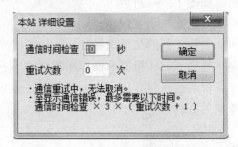

图1－4－28　以太网电缆经由集线器连接详细设置

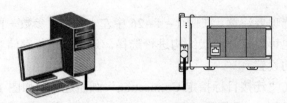

图 1-4-29　使用 RS-232C 电缆连接

RS-232C 电缆连接计算机与 CPU 模块时的步骤如下：

（1）使用 RS-232C 电缆（使用 RS-232C 电缆连接时，需要扩展插板或扩展适配器）连接计算机与 CPU 模块。

（2）从工程工具的菜单选择"在线"→"当前连接目标"，出现如图 1-4-20 所示画面。

（3）在图 1-4-20"连接目标指定 Connection"画面中，单击"CPU 模块直接连接设置"按钮，出现如图 1-4-21 所示画面。

（4）在图 1-4-21 中与 CPU 模块的连接方法选择"RS-232C"，单击"是"按钮，又返回到图 1-4-20 所示画面。

（5）在图 1-4-20"连接目标指定 Connection"画面中，单击"通信测试"按钮，确认能否与 CPU 模块连接。

7. 程序编写举例

下面以图 1-4-30 所示的程序为例，说明程序编写以及下载仿真的完整过程。

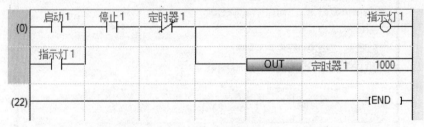

图 1-4-30　示例程序

（1）双击桌面 GX Works3 软件图标，打开软件。

（2）将窗口布局恢复为初始状态。

从工程工具的菜单选择"在线"→"窗口"→"将窗口布局恢复为初始状态"→单击"是"按钮，如图 1-4-31 所示。

（3）建立一个工程。

从工程工具的菜单选择"Project（工程）"→"New（新建）"→新建工程画面→选择 FX5CPU 系列→选择 FX5U 机型→梯形图程序语言→单击"确定"按钮，如图 1-4-32 所示。

工程名是在保存或另存为时输入，这里主要以梯形图为例讲解，有关 ST、FBD/LD 可参考相关资料。

图 1－4－31　GX Works3 软件开始画面

图 1－4－32　建立新工程画面

（4）标签登录。

标签是可对名称和数据类型进行任意声明的变量。

如果在程序中使用标签，编写程序时可忽略软元件和缓冲存储地址。因此，即使在模块配置不同的系统中，使用了标签的程序也可以轻松地重新被使用。

在这个例子中我们先进行标签的登录设定，然后再进行梯形图程序的编写；当然也可以不使用标签编辑器，而在编写程序时登录标签设定。

本例中既可以使用局部标签也可以使用全局标签，为了方便本例采用全局标签，操作过程为：选择导航窗口"Label（标签）"→"Global label（全局标签）"→"global label（全局标签）"→在"标签名"栏中输入"启动 1"→单击"数据类型"栏右侧的按钮后，显示"数据类型选择"画面→指定标签的数据类型。本示例中，选择"位"后，单击"确定"按钮→

单击"类"栏右侧的倒三角形后，在下拉列表中选择"VAR_GLOBAL"→将鼠标选中"分配（软元件/标签）"栏的空白处，输入软元件 X10。

程序示例中的其他标签："停止 1""指示灯 1""定时器 1"也以同样的方法登录完成，注意不同的数据类型和类的选择，完成后如图 1-4-33 所示。

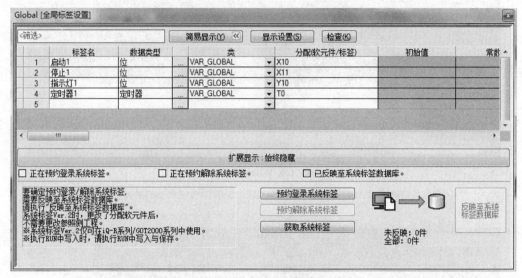

图 1-4-33 全局标签设置

（5）梯形图输入。

打开梯形图输入编辑窗口的步骤：选择导航窗口→程序→扫描→"MAIN ProgPou"→程序本体。

有三种方式可以输入梯形图程序，一是直接通过"梯形图"工具栏（图 1-4-34）将所需的梯形图符号插入到需要的位置；二是通过菜单栏的编辑下拉菜单的梯形图符号选项将所需的梯形图符号插入到需要的位置；三是通过整个画面右侧的部件选择窗口将所需的梯形图符号插入到需要的位置。

图 1-4-34 工具栏图标

下面主要讲第三种方式。

① 从部件选择窗口选择部件，拖放到梯形图编辑器中要配置的位置。本示例中，将"LD"配置到梯形图编辑器中，如图 1-4-35 和图 1-4-36 所示。

② 双击图 1-4-36 中已插入的部件，弹出如图 1-4-37 所示画面，单击"扩展显示"按钮，弹出如图 1-4-38 所示画面。

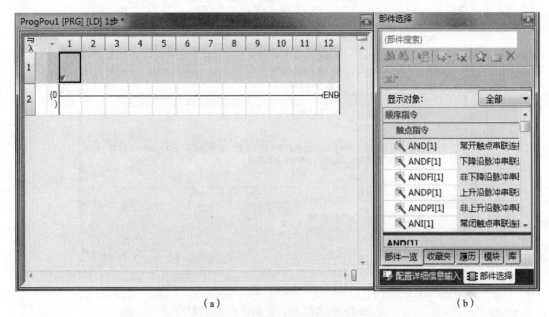

（a）　　　　　　　　　　　　　　　　　　　（b）

图 1−4−35　梯形图编辑画面（1）

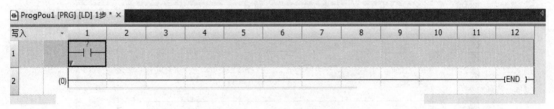

图 1−4−36　梯形图编辑画面（2）

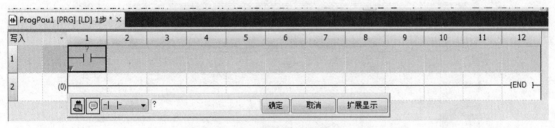

图 1−4−37　梯形图编辑画面（3）

③ 在图 1−4−38"梯形图输入"画面中指定操作数。本示例中，在"软元件/标签"的
"s"栏中输入"启动 1"或者只输入"启动"，然后从显示的候补中选择要输入的项目。本示
例中，选择"启动 1"，单击"确定"按钮。"启动 1"的 a 触点被插入程序。最后结果的画
面如图 1−4−39 所示。

④ 程序示例中的其他梯形图也以同样的方法插入，最后得到本例的梯形图如图 1−4−40
所示。

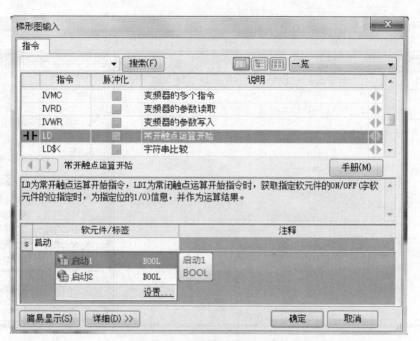

图 1-4-38 梯形图编辑画面（4）

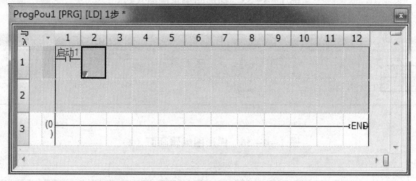

图 1-4-39 梯形图编辑画面（5）

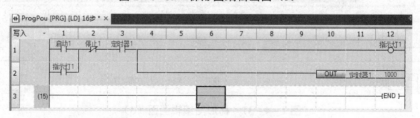

图 1-4-40 梯形图编辑画面（6）

（6）程序的转换。

只有经过转换没有错误的程序才可以下载到 PLC 中执行。

程序转换操作步骤为：

① 选择菜单中的"转换"→"转换"或"全部转换"。

② 执行转换后，即确定已输入的梯形图，完成后画面的灰色显示变为白色，如图 1-4-41 所示。

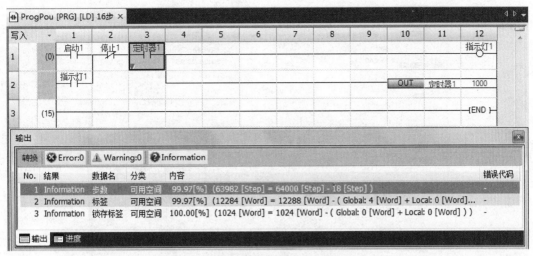

图 1-4-41　梯形图程序转换画面（1）

注：如果程序中有标签等错误，在没有定义"停止 2"的标签时就转换程序会提示有错误，如图 1-4-42 所示。

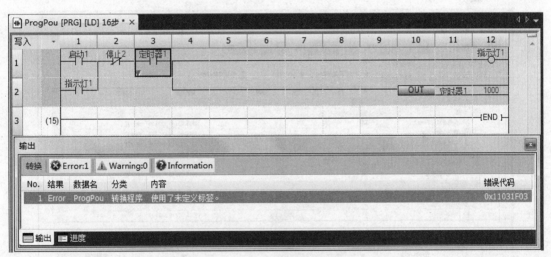

图 1-4-42　梯形图程序转换画面（2）

（7）工程的保存。

保存已创建的工程。

操作步骤为：选择菜单中的"工程"→"另存为"或"存为"→在弹出的"另存为"画面中保存文件名为"第一个例子"的文件，如图 1-4-43 所示。

（8）写入 CPU 模块。

将设置的参数和编写的程序写入 CPU 模块。

操作步骤为：

选择"在线"→"写入至可编程控制器"，会弹出如图 1-4-44 所示"在线数据操作"画面。

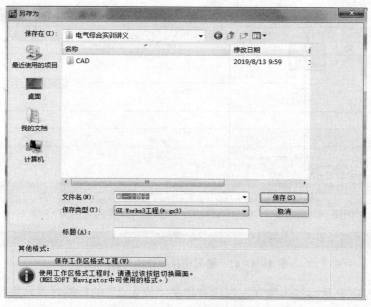

图 1-4-43 工程程序保存

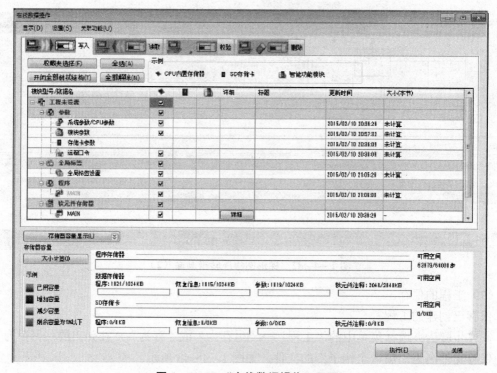

图 1-4-44 "在线数据操作"画面

　　填写一些相关参数后,单击右下角的执行按钮就可以写入 CPU 模块了。向 CPU 模块写入参数完成后,弹出如图 1-4-45 所示"写入至可编程控制器"画面,写入完成后单击画面中的"关闭"按钮,再单击图 1-4-44 所示"在线数据操作"画面中的"关闭"按钮,完成写入操作。

（9）CPU 模块的复位。

使用 CPU 模块前面的 RUN/STOP/RESET 开关，对 CPU 模块进行复位。通过电源 OFF→ON 或复位，将参数设为有效。

如图 1-4-46 所示，以 FX5UCPU 模块为例，操作步骤为：

① 将 RUN/STOP/RESET 开关拨至 RESET 侧保持 1 s 以上。

② 确认 ERR LED 闪烁多次后熄灯。

③ 将 RUN/STOP/RESET 开关拨回 STOP 位置。

（10）程序的执行。

使用 RUN/STOP/RESET 开关，执行已写入的程序。

如图 1-4-46 所示，以 FX5UCPU 模块为例，操作步骤为：

① 将 RUN/STOP/RESET 开关拨至 RUN 侧。

② 确认 P.RUN LED 亮灯。

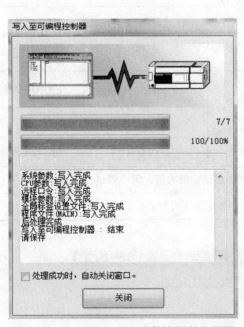

图 1-4-45　"写入至可编程控制器"画面

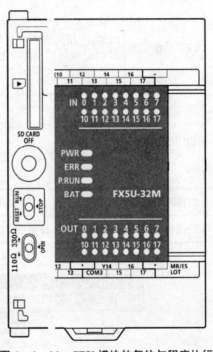

图 1-4-46　CPU 模块的复位与程序执行

（11）程序的监视。

在工程工具上确认程序的动作，监视有两种方式进行确认。

① 通过监视状态栏进行确认。

通过工具栏上的监视状态栏，确认 CPU 模块的 LED 状态和扫描时间。

操作步骤为：

a. 选择菜单中的"在线"→"监视"→"监视开始"，弹出如图 1-4-47 所示画面，图中各部分的含义如表 1-4-5 所示。

b. 确认 CPU 模块的 LED 状态和扫描时间。图 1-4-48 所示为正在运行的监控状态情况。

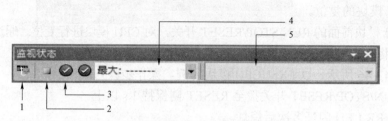

图1-4-47 程序的监视状态（1）

表1-4-5 程序监视状态说明

编号	项目	内容	显示内容		详细内容
1	连接状态	显示与CPU模块的连接状态	（彩色）		连接CPU模块时
			（灰色）		未连接CPU模块时
2	CPU动作状态	显示通过CPU模块的RUN/STOP/RESET开关或工程工具的远程操作的CPU模块的动作状态。单击图标，即显示"远程操作"画面	▶		RUN
			■		STOP
			‖		PAUSE
3	ERROR状态	显示CPU模块的ERROR LED的状态。单击图标，即显示"模块诊断"画面	✓		ERROR熄灯
			! ↔ !		ERROR亮灯
			! ↔ ! ↔ !		ERROR闪烁
4	扫描时间状态	可通过下拉列表对扫描时间的当前值、最大值、最小值进行切换显示			
5	监视对象选择	监视对象选择监视FB程序时，指定监视对象的FB实例			

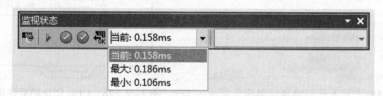

图1-4-48 程序的监视状态（2）

② 通过梯形图编辑器进行确认。

通过梯形图编辑器确认触点和线圈的ON/OFF，以及字软元件和标签的当前值。

操作步骤为：

a. 选择菜单中的"在线"→"监视"→"监视开始"。

b. 确认程序上的触点和线圈的ON/OFF，以及字软元件和标签的当前值。如图1-4-49所示，图中标识为（1）的部分为显示触点和线圈的ON/OFF状态，标识为（2）的部分为显示单字型/双字型数据的当前值。图1-4-50所示为监视到的具体画面。

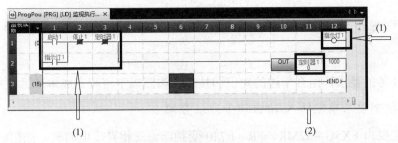

图 1-4-49　程序监视画面（1）

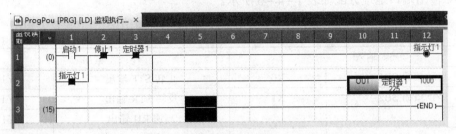

图 1-4-50　程序监视画面（2）

（12）程序的模拟。

模拟功能是指使用计算机上的虚拟可编程控制器对程序进行调试的功能。模拟功能需要使用 GX Simulator3，无须连接 CPU 模块即可进行调试，便于在实际设备上运行程序前进行确认。

GX Simulator3 可进行三种模拟：模拟 CPU 模块（本机）系统、模拟多 CPU 系统、模拟 CPU 模块与简单运动控制模块的系统。这里主要讲述第一种 CPU 模块（本机）系统的模拟，其他两种可参考相关资料。

操作步骤为：

① 选择菜单中的"Debug（调试）"→"Simulation（模拟）"→"Start Simulation（模拟开始）"（或直接单击工具栏的"模拟开始🖳"图标），弹出如图 1-4-51 和图 1-4-44 所示"在线数据操作"画面。

② 在图 1-4-44"在线数据操作"画面中勾选要写入的数据，单击右下角的"Execute（执行）"按钮，就可以模拟写入 CPU 模块了。向 CPU 模块写入完数据后，会弹出如图 1-4-45 所示"写入至可编程控制器"画面。

③ 依次单击图 1-4-45、图 1-4-44 里面的"关闭"按钮，结束模拟数据写入。这时原来的程序编辑界面就转化为如图 1-4-49 所示的监视执行状态。

④ 监视过程中，在选择梯形图编辑器单元格的状态下，按下"Shift＋双击"或按下"Shift＋Enter"，即可更改当前值，出现如图 1-4-50 所示画面。

⑤ 模拟结束，选择"Debug（调试）"→"Simulation（模拟）"→"Stop Simulation（模拟停止）"（或直接单击工具栏的"模拟停止🖳"图标）。

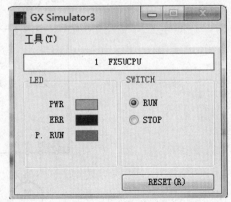

图 1-4-51　程序模拟仿真操作画面

任务实施

根据本任务的要求，结合学过的知识和技能，按照以下流程完成本项目任务。

1. 根据控制要求确定输入/输出端子地址分配

本系统主要由 FX5U-32MR、FR-E740 变频器、三相异步电动机、按钮、接触器等组成，输入/输出端口地址分配如表 1-4-6 所示。

表 1-4-6　输入/输出端口地址分配

输入		输出	
启动按钮 SB1	X0	正转 STF 输出	Y10
停止按钮 SB2	X1	反转 STR 输出	Y11
		高速 RH 输出	Y12
		中速 RM 输出	Y13
		低速 RL 输出	Y14

2. 画出控制系统原理图并完成硬件连接

为了安全，在变频器的电源进线端增加一个交流接触器并用紧急停止按钮 SB0 控制它，整个系统原理图如图 1-4-52 所示。根据工艺规范要求连接好硬件设备。

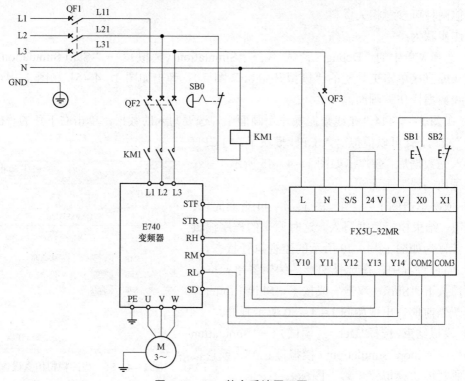

图 1-4-52　整个系统原理图

3. PLC 程序编写及下载

本任务的程序不是很复杂，主要利用 PLC 的输出端子去控制变频器的正反转端子和高中低 RH、RM、RL 三个端子。按照前面的方法步骤建立一个项目，完成程序的编写。本项目任务的参考程序如图 1-4-53 所示。

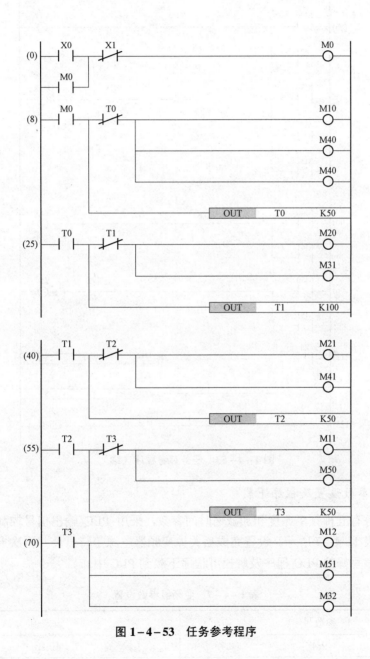

图 1-4-53　任务参考程序

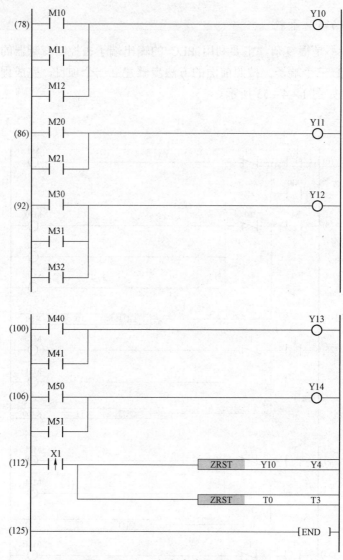

图 1-4-53　任务参考程序（续）

4. 变频器参数设置及程序下载

本项目任务有五种频率速度和加减速时间参数，采用 PLC 输出信号控制变频器，变频器参数设置如表 1-4-7 所示。设置完成后关掉变频器电源等待一会儿再次上电以激活设定参数有效。将编写好的 PLC 程序及触摸屏程序下载到 PLC 中。

表 1-4-7　变频器参数设置

参数号	设定值
Pr4	40 Hz
Pr5	25 Hz
Pr6	15 Hz

续表

参数号	设定值
Pr24	20 Hz
Pr25	30 Hz
Pr7	2 s
Pr8	2
Pr79	2

5. 系统调试

在调试程序时一定要弄清楚操作的过程，按规范操作。注意观察运行过程中电动机和变频器的变化情况。

任务总结

不同变频器的多段速控制输入信号端子可能不一样，但实质都一样，这种调速都是一种有级的调速，本项目中 FR－E740 系列变频器多段速运行控制的实质是通过 PLC 的输出去控制变频器的 RH、RM、RL 以及 STF、STR 这些端子如何控制电动机以不同的频率和旋转方向运行。实际上变频器除了用 PLC 的输出来控制以外还完全可以利用硬件按钮的输入信号来控制，实质都是一样的；大家也可以想一想要想实现超过 7 种速度的调速我们应该怎么做呢？在实际工作中我们要根据需求以及经济性进行合理的选择。

任务 1.5　基于通信模式的变频器运行控制

任务目标

本任务以 PLC 通信控制变频器运行为学习内容，通过对三菱变频器专用通信协议、MODBUS 通信协议的学习，使学生了解通信控制变频器基本知识，掌握变频器的通信协议参数。

系统具体控制要求如下：可以在触摸屏上设定变频器运行的频率和方向，并实时显示运行的频率和方向；触摸屏能进行启动和停止控制，并能记录这台设备从运行一开始正转运行的总时间以及反转运行的总时间。

1. 知识目标

（1）熟悉三菱变频器专用通信协议和 MODBUS 通信协议。

（2）熟悉三菱变频器人机界面的基本知识。

（3）熟悉 PLC 控制变频器的工作原理。

2. 技能目标

（1）会设置通信参数。

（2）能使用 GT Designer3 软件编写触摸屏程序。

（3）能编写通信控制变频器的 PLC 程序。

任务分析

根据任务要求和查阅有关资料，我们知道利用通信来控制变频器运行的方式很多，如采用 RS-485 的 MODBUS RTU 通信方式，采用 RS-485 的无协议通信方式，采用 CC-Link 的现场总线通信方式等。由于 FX5U PLC 有支持外部通信设备（变频器通信）的专用直接操作指令 IVCK（变频器的运行监视）、IVDR（变频器的运行控制）、IVRD（读出变频器的参数）并且使用也很方便，所以本任务采用专用指令来实现变频器的通信控制。通过教师的讲授以及引导学生学会查阅有关资料完成本任务。

知识准备

对于大规模自动化生产线，变频器数量较多，电动机分布距离不一致。使用 RS-485 通信控制，仅通过一条通信电缆连接就可以完成变频器的启动、停止和频率设定，并且很容易实现多电动机之间的同步运行。这种系统成本低，信号传输距离远，抗干扰性强。PLC 通信控制变频器结构如图 1-5-1 所示。

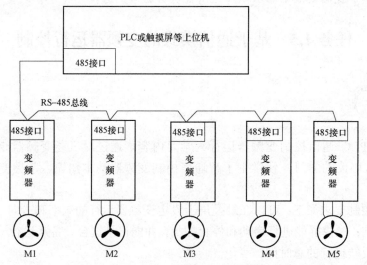

图 1-5-1　PLC 通信控制变频器结构

FR-E740 系列变频器具有 PU 接口，可以用通信电缆连接个人计算机和 PLC 实现通信，用户可以通过客户端程序对变频器进行操作、监视或读写参数。FX5U PLC 具有内置 RS-485 通信接口，与变频器以 RS-485 通信方式连接，最多可以对 16 台变频器进行运行监控、各种指令以及参数的读出/写入的功能。

1.5.1   MODBUS 通信

1. MODBUS 通信概述

MODBUS 协议最初由 Modicon 公司开发，在 1979 年末该公司成为施耐德自动化（Schneider Automation）部门的一部分，现在 MODBUS 已经是工业领域全球最流行的协议之一。此协议支持传统的 RS-232、RS-422、RS-485 和以太网设备。许多工业设备，包括 PLC、DCS、智能仪表等都在使用 MODBUS 协议作为它们之间的通信标准。有了它，不同厂商生产的控制设备可以连成工业网络，进行集中监控。

MODBUS 是全球第一个真正用于工业现场的总线协议。为更好地普及和推动 MODBUS 在基于以太网上的分布式应用，目前施耐德公司已将 MODBUS 协议的所有权移交给 IDA（Interface for Distributed Automation，分布式自动式接口）组织，并成立了 MODBUS-IDA 组织，为 MODBUS 今后的发展奠定了基础。在中国，MODBUS 已经成为国家标准 GB/T 19582—2008。

MODBUS 可以支持多种电气接口，如 RS-232、RS-485 和以太网等；还可以在各种介质上传送，如双绞线、光纤和无线介质等。

我们通常所说 RS-485 通信，只是说明了一种通信的硬件电气接口性能，而不是仅仅意义上所说的通信协议。RS-485 通信接口是 RS-422A 通信接口的变型。RS-422A 是全双工通信，有两对平衡差分信号线，至少需要 4 根线用于发送和接收；RS-48S 为半双工通信，只有一对平衡差分信号线，不能同时发送和接收，最少时只需要两根线。由于 RS-485 通信接口能用较少的信号连线完成通信任务，并具有良好的抗噪声干扰性、高传输速率（10 Mbit/s）、长传输距离（1 200 m）和多站功能（最多 128 个站）等优点，因此在工业控制中得到了广泛的应用。

2. MODBUS 通信模型

MODBUS 是 OSI 参考模型第 7 层上的应用层报文传输协议，它在连接至不同类型总线或网络的设备之间提供客户机、服务器通信。MODBUS 的通信模型如图 1-5-2 所示。

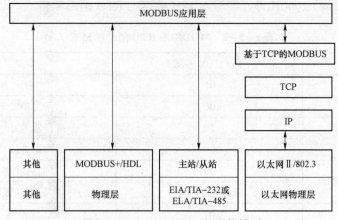

图 1-5-2   MODBUS 的通信模型

目前，MODBUS 包括标准 MODBUS、MODBUS TCP 和 MODBUS Plus（MODBUS＋）3 种形式。标准 MODBUS 形式指的是在异步串行通信中传输 MODBUS 信息。MODBUS Plus 指的是在一种高速令牌传递网络中传输 MODBUS 信息，采用全频通信，具有更快的通信传输速率。MODBUS TCP 就是采用 TCP/IP 和以太网协议传输 MODBUS 信息，属于工业控制网络范畴。

3. MODBUS 的传输模式

MODBUS 定义了 ASCII（美国信息交换标准代码）模式和 RTU（远程终端单元）模式两种串行传输模式。在 MODBUS 串行链路上，所有设备的传输模式（及串行口参数）必须相同，默认设置必须为 RTU 模式，所有设备必须实现 RTU 模式。若要使用 ASCII 模式，需要按照使用指南进行设置。在 MODBUS 串行链路设备实现等级的基本等级中只要求实现 RTU 模式，常规等级要求实现 RTU 模式和 ASCII 模式。

1）RTU 模式

使用 RTU 模式，消息发送至少要以 3.5 个字符时间的停顿间隔开始。传输的第一个域是设备地址，可以使用的传输字符是十六进制的 0～9，A～F。网络设备不断侦测网络总线，包括停顿间隔时间内，当第一个域（地址域）接收到时，每个设备都进行解码以判断是否发往自己的。在最后一个传输字符之后，一个至少 3.5 个字符时间的停顿标定了消息的结束。一个新的消息可在此停顿后开始。

整个消息帧必须作为一连续的流传输。如果在帧完成之前有超过 1.5 个字符时间的停顿时间，接收设备将刷新不完整的消息，并假定下一个字节是一个新消息的地址域。同样，如果一个新消息在小于 3.5 个字符时间内接着前个消息的开始，接收设备将认为它是前一消息的延续。这将导致一个错误，因为在最后 CRC 域的值不可能是正确的。典型的 RTU 消息帧结构如表 1-5-1 所示。

表 1-5-1　典型的 RTU 消息帧结构

起始符	设备地址	功能代码	数据	LRC 校验	结束付出
3.5 个字符	8 bit	8 bit	n 个 8 bit	16 bit	3.5 个字符时间

例如，从 1 号站的 2000H 寄存器写入 12H 数据的 RTU 消息帧格式，如表 1-5-2 所示。

表 1-5-2　MODBUS RTU 消息帧格式

段　名	例子（HEX 格式）	说　明
设备地址	01	1 号从站
功能代码	06	写单个寄存器
寄存器地址	20	寄存器地址（高字节）
	00	寄存器地址（低字节）
写入数据	00	数据（高字节）
	12	数据（低字节）
CRC 校验	02	CRC 校验码（高字节）
	01	CRC 校验码（低字节）

这里完整的 RTU 消息帧为 01H 06H 20H 00H 00H 12H 02H 01H。

2）MODBUS 的功能码

MODBUS 协议定义了公共功能码、用户定义功能码和保留功能码 3 种功能码。

公共功能码是指被确切定义的、唯一的功能码，由 MODBUS–IDA 组织确认，可进行一致性测试，且已归档为公开。

用户定义功能码是指用户无须 MODBUS–IDA 组织的任何批准就可以选择和实现的功能码，但是不能保证用户定义功能码的使用是唯一的。

保留功能码是某些公司在传统产品上现行使用的功能码，不作为公共使用。MODBUS 的功能码定义如表 1–5–3 所示。

表 1–5–3 MODBUS 的功能码定义

功能码	名 称	作 用
01	读线圈状态	取得一组逻辑线圈的当前状态（ON/OFF）
02	读输入状态	取得一组开关输入的当前状态（ON/OFF）
03	读保持寄存器	在一个或多个保持寄存器中取得当前的二进制值
04	读输入寄存器	在一个或多个输入寄存器中取得当前的二进制值
05	写单个线圈	强置一个逻辑线圈的通断状态
06	写单个寄存器	把具体二进制值装入一个保持寄存器
07	读取异常状态	取得 8 个内部线圈的通断状态，这 8 个线圈的地址由控制器决定，用户逻辑可以将这些线圈定义，以说明从机状态，短报文适宜于迅速读取状态
08	回送诊断校验	把诊断校验报文送从机，以对通信处理进行评鉴
09	编程（只用于 484）	使主机模拟编程器作用，修改 PC 从机逻辑
10	控询（只用于 484）	可使主机与一台正在执行长程序任务的从机通信，探询该从机是否已完成其操作任务，仅在含有功能码 09 的报文发送后，本功能码才发送
11	读取事件计数	可使主机发出单询问，并随即判定操作是否成功，尤其是该命令或其他应答产生通信错误时
12	读取通信事件记录	可使主机检索每台从机的 MODBUS 事务处理通信事件记录。如果某项事务处理完成，记录会给出相关错误
13	编程（184/384 484 584）	可使主机模拟编程器功能修改 PC 从机逻辑
14	探询（184/384 484 584）	可使主机与正在执行任务的从机通信，定期探询该从机是否已完成其程序操作，仅在含有功能码 13 的报文发送后，本功能码才发送
15	强置线圈	强置一串连续逻辑线圈的通断
16	预置多寄存器	把具体的二进制值装入一串连续的保持寄存器
17	报告从机标识	可使主机判断编址从机的类型及该从机运行指示灯的状态
18	884 和 MICRO84	可使主机模拟编程功能，修改 PC 状态逻辑

功能码	名　称	作　用
19	重置通信链路	发送非可修改错误后，使从机复位于已知状态，可重置顺序字节
20	读取通用参数（584 L）	显示扩展存储器文件中的数据信息
21	写入通用参数（584 L）	把通用参数写入扩展存储文件或修改之
22～64	保留作扩展功能备用	
65～72	保留以备用户功能所用	留作用户功能的扩展编码
73～119	非法功能	
120～127	保留	留作内部作用
128～255	保留	用于异常应答

MODBUS 协议是为了读写 PLC 数据而产生的，主要支持输入离散量、输出线圈、输入寄存器和保持寄存器 4 种数据类型。MODBUS 协议相当复杂，但常用的功能码也就简单的几个，主要是功能码 01、02、03、04、05、06、15 和 16。

4. FX5U PLC MODBUS RTU 通信指令

1）FNC276－ADPRW/MODBUS 读出与写入指令

ADPRW 指令用于和 MODBUS 主站所对应从站进行通信（数据的读出/写入）的指令。在 MODBUS 主站中同时驱动多个 ADPRW 指令时，一次只执行 1 个指令。当前指令结束后，执行下一个 ADPRW 指令。ADPRW 指令格式如图 1－5－3 所示。

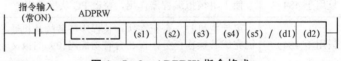

图 1－5－3　ADPRW 指令格式

s1：表示本站或从站的站号，其取值范围为 00～20 H。

s2：表示功能代码，其取值范围为 01H～06H、0FH、10H。

s3：表示与功能代码对应的功能参数，其取值范围为 0～FFFFH。其具体含义如表 1－5－4 所示。

s4：表示与功能代码对应的功能参数，其取值范围为 1～2 000。其具体含义如表 1－5－4 所示。

s5/d1：表示与功能代码对应的功能参数。其具体含义如表 1－5－4 所示。

d2：输出通信执行状态的起始位软元件编号。通信执行状态（d2）依照 ADPRW 命令的通信执行中/正常结束/异常结束的各状态进行输出。通信执行状态输出软元件（d2）中与各通信状态相应的动作时间和同时动作的特殊继电器如表 1－5－5 所示。

表 1-5-4　各功能代码所需的功能参数（部分）

s2：功能代码	s3：MODBUS 地址	s4：访问点数		s5/d1 数据储存软元件起始
01H 线圈读取	0000H～FFFFH	访问点数：1～2 000	对象软元件	D·R·M·Y·S
			占用点数	（S4+15）÷16
02H 输入读取	0000H～FFFFH	访问点数：1～2 000	对象软元件	D·R·M·Y·S
			占用点数	（S4+15）÷16
03H 保持寄存器读取	0000H～FFFFH	访问点数：1～125	对象软元件	D·R
			占用点数	S4
04H 输入寄存器读取	0000H～FFFFH	访问点数：1～125	对象软元件	D·R
			占用点数	S4
05H 1 线圈写入	0000H～FFFFH	0（固定）	对象软元件	D·R·K·H·X·Y·M·S 0＝位 OFF，1＝位 ON
			占用点数	1 点
06H 1 寄存器写入	0000H～FFFFH	0（固定）	对象软元件	D·R·K·H
			占用点数	1 点
0FH 批量线圈写入	0000H～FFFFH	访问点数：1～1 968	对象软元件	D·R·K·H·M·X·Y·S
			占用点数	（S4+15）÷16
10H 批量寄存器写入	0000H～FFFFH	访问点数：1～123	对象软元件	D·R·K·H
			占用点数	2 点

表 1-5-5　特殊继电器

操作数	动作时间	同时动作的特殊继电器
（d2）	命令动作时 ON，命令执行中以外 OFF	SM8800（通道 1）、SM8810（通道 2）、SM8820（通道 3）、SM8830（通道 4）
（d2）+1*2	命令正常结束时 ON，命令开始时 OFF	SM8029
（d2）+2*2	命令异常结束时 ON，命令开始时 OFF	SM8029

编程注意：

（1）在 MODBUS 主站中使用 ADPRW 指令时，请将驱动接点保持 ON 状态直到 ADPRW 指令结束（M8029 为 ON）。

（2）在 MODBUS 主站中同时驱动多个 ADPRW 指令时，一次只执行 1 个指令。当前指令结束后，执行下一个 ADPRW 指令。

（3）对于使用 ADPRW 命令的对象通道，必须在 GX Works3 中进行 MODBUS 主站的设置。未进行设置时，即便执行 ADPRW 命令也不动作（也不发生出错）。

2）MODBUS RTU 串行通信的设定

FX5U PLC 的 MODBUS 串行通信设置通过 GX Works3 设置参数。主要设置内容有基本设置、固有设置、MODBUS 软元件分配、SM/SD 设置。

（1）基本设置。

使用 CPU 模块时设置过程如下：

选择"导航窗口"→"参数"→"FX5UCPU"→"模块参数"→"485 串行口"。协议格式选择为"MODBUS_RTU 通信"时，会显示如图 1-5-4 所示画面，进行奇偶效验、停止位和波特率设置。

项目	设置
□ 协议格式	**设置协议格式。**
协议格式	MODBUS_RTU通信
□ 详细设置	**设置详细设置。**
奇偶校验	无
停止位	1bit
波特率	115,200bps

图 1-5-4 MODBUS RTU 串行通信的基本设置

（2）固有设置。

MODBUS RTU 串行通信的固有设置如图 1-5-5 所示。

图 1-5-5 MODBUS RTU 串行通信的固定设置

（3）MODBUS 软元件分配。

MODBUS 软元件分配及具体设置画面如图 1-5-6 所示。

（4）SM/SD 设置。

SM/SD 设置如图 1-5-7 所示。

3）示例

主站对从站进行软元件读取/写入的程序如图 1-5-8 所示。

设置项目

项目	设置
☐ MODBUS软元件分配	对MODBUS软元件执行分配设置。
软元件分配	<详细设置>

MODBUS软元件分配参数

项目	线圈	输入	输入寄存器	保持寄存器
☐ MODBUS软元件分配参数	将可编程控制器CPU(内置、扩展插板、扩展适配器)作为从站，设置用于将MODBUS软元件关联至可编程控制器CPU的软元件存储器的参数。			
☐ 分配1				
软元件	Y0	X0		D0
起始MODBUS软元件号	0	0	0	0
分配点数	1024	1024	0	8000
☐ 分配2				
软元件	M0			SD0
起始MODBUS软元件号	8192	0	0	20480
分配点数	7680	0	0	10000
☐ 分配3				
软元件	SM0			Y0
起始MODBUS软元件号	20480	0	0	30720
分配点数	2048	0	0	512

图 1-5-6　MODBUS 软元件分配及具体设置画面

设置项目

项目	设置
☐ 锁存设置	执行SM/SD软元件的锁存设置。
详细设置	不锁存
本站号	不锁存
从站支持超时	不锁存
广播延迟	不锁存
请求间延迟	不锁存
超时时重试次数	不锁存
☐ FX3系列兼容	设置FX3系列兼容的SM/SD软元件。
兼容用SM/SD	不使用

图 1-5-7　SM/SD 设置

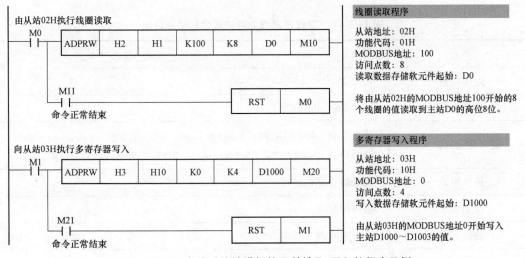

由从站02H执行线圈读取

M0
ADPRW　H2　H1　K100　K8　D0　M10

M11　　　　　　　　　　RST　M0
命令正常结束

向从站03H执行多寄存器写入

M1
ADPRW　H3　H10　K0　K4　D1000　M20

M21　　　　　　　　　　RST　M1
命令正常结束

线圈读取程序

从站地址：02H
功能代码：01H
MODBUS地址：100
访问点数：8
读取数据存储软元件起始：D0

将由从站02H的MODBUS地址100开始的8个线圈的值读取到主站D0的高位8位。

多寄存器写入程序

从站地址：03H
功能代码：10H
MODBUS地址：0
访问点数：4
写入数据存储软元件起始：D1000

由从站03H的MODBUS地址0开始写入主站D1000～D1003的值。

图 1-5-8　主站对从站进行软元件读取/写入的程序示例

1.5.2 三菱变频器专用通信功能

变频器通信功能，就是以 RS-485 通信方式连接 FX5U PLC 与变频器，最多可以对 16 台变频器进行运行监控、各种指令以及参数的读出/写入的功能。

1. 系统构成

FX5U PLC 的内置 RS-485 端口、通信板、通信适配器，都可以使用变频器通信功能用内置 RS-485 端口默认为通道 1。FX5U PLC 的内置 RS-485 系统示意图如图 1-5-9 所示。

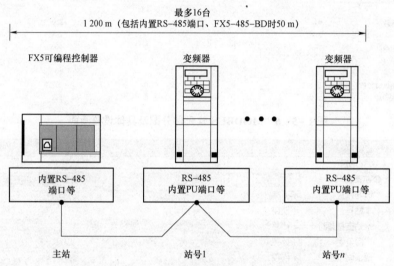

图 1-5-9 FX5U PLC 的内置 RS-485 系统示意图

2. 通信规格

变频器通信功能的通信规格及性能的如表 1-5-6 所示。

表 1-5-6 变频器通信功能的通信规格及性能

项目	规格
连接台数	最多 16 台
传送规格	符合 RS-485 规格
最大总延长距离	使用 FX5-485ADP 时：1 200 m 以下； 使用内置 RS-485 端口或 FX5-485-BD 时：50 m 以下
协议格式	变频器计算机链接
控制顺序	启停同步
通信方式	半双工双向
波特率	4 800/9 600/19 200/38 400/57 600/115 200 b/s

续表

项目		规格
字符格式		ASCII
	起始位	1 位
	数据长度	7 位/8 位
	奇偶校验	无/奇校验/偶校验
	停止位	1 位/2 位

3. 变频器的指令代码和参数

在变频器通信指令中，根据数据通信的方向和参数的写入/读出方向，有 6 种指令，如表 1-5-7 所示。

表 1-5-7　变频器的指令代码和参数

指令	功能	控制方向
IVCK	变频器的运行监视	可编程控制器←变频器
IVDR	变频器的运行控制	可编程控制器→变频器
IVRD	读出变频器的参数	可编程控制器←变频器
IVWR	写入变频器的参数	可编程控制器→变频器
IVBWR	变频器参数的成批写入	可编程控制器→变频器
IVMC	变频器的多个指令	可编程控制器↔变频器

1）变频器的运行监视指令 IVCK

该指令是在 PLC 中读出变频器的运行状态。IVCK 指令梯形图如图 1-5-10 所示。

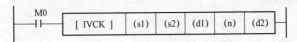

图 1-5-10　IVCK 指令梯形图

功能：对于通信通道（n）中所连接的变频器的站号（s1），在（d1）中读出对应（s2）的指令代码的变频器运行状态。

各参数含义：指令中各参数内容如表 1-5-8 所示。

表 1-5-8　IVCK 指令参数

操作数	内容	范围	数据类型
（s1）	变频器的站号	K0～31	无符号 BIN 16 位
（s2）	变频器的指令代码	见表 1-5-9	无符号 BIN 16 位
（d1）	保存读出值的软元件编号		无符号 BIN 16 位

操作数	内容	范围	数据类型
（n）	使用通道	K1～4	无符号 BIN 16 位
（d2）	输出指令执行状态的起始位软元件编号		位

表 1－5－9　s2 参数内容

变频器指令代码（十六进制数）	读出内容
H7B	运行模式
H6F	输出频率/转速
H70	输出电流
H71	输出电压
H72	特殊监控
H73	特殊监控的选择 No.
H74、H75、H76、H77	异常内容
H79	变频器状态监控（扩展为 16 bit 数据形式）
H7A	变频器状态监控（8 bit 数据形式）
H6D	读出设定频率（RAM）
H6E	读出设定频率（EEPROM）
H7F	链接参数的扩展设定
H6C	第 2 参数的切换

H79 和 H7A 代码中前 8 位中各位的含义如下：

b0：RUN（变频器运行中）；

b1：正转中；

b2：反转中；

b3：SU（频率到达）；

b4：OL（过载）；

b5：没定义；

b6：FU（频率检测）；

b7：ABC（异常）。

例如：如果读出 H79 或 H7A 代码中的值为 H02，则表示变频器的状态为处于正转。

b7							b0
0	0	0	0	0	0	1	0

示例：在 FX5U PLC（通道 1）中读出变频器（站号 0）的状态（H7A），并将读出值保存在 M100～M107 中，输出（Y0～Y3）到外部。读出内容：变频器运行中用 Y0 输出指示灯表示、正转中用 Y1 输出指示灯表示、反转中用 Y21 输出指示灯表示、发生异常用 Y3 输出指示灯表示，如图 1－5－11 所示。

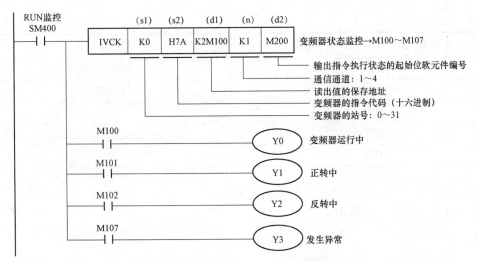

图 1-5-11　IVCK 指令示例

2）变频器的运行控制指令 IVDR

该指令是在 PLC 中写入变频器运行所需的设定值。IVDR 指令梯形图如图 1-5-12 所示。

图 1-5-12　IVDR 指令梯形图

功能：对于通信通道（n）中所连接的变频器的站号（s1），向（s2）的指令代码写入（s3）设定值。

各参数含义：IVDR 指令参数如表 1-5-10 所示。

表 1-5-10　IVDR 指令参数

操作数	内容	范围	数据类型
（s1）	变频器的站号	K0～31	无符号 BIN 16 位
（s2）	变频器的指令代码	见表 1-5-11	无符号 BIN 16 位
（s3）	向变频器的参数中写入的设定值，或者保存设定数据的软元件编号		无符号 BIN 16 位
（n）	使用通道	K1～4	无符号 BIN 16 位
（d）	输出指令执行状态的起始位软元件编号		位

表 1-5-11　s2 参数内容

变频器指令代码（十六进制数）	写入内容
HFB	运行模式
HF3	特殊监控的选择 No.
HF9	运行指令（扩展为 16 bit）
HFA	运行指令 8 bit
HED	写入设定频率（RAM）

续表

变频器指令代码（十六进制数）	写入内容
HEE	写入设定频率（EEPROM）
HFD	变频器复位
HF4	异常内容的成批清除
HFC	参数的清除、全部清除
HFF	链接参数的扩展设定

HF9 和 HFA 代码中前 8 位中各位的含义如下：

b0：RUN（变频器运行中）；

b1：正转中；

b2：反转中；

b3：SU（频率到达）；

b4：OL（过载）；

b5：没定义；

b6：FU（频率检测）；

b7：ABC（异常）。

例如：如果写入到 HF9 或 HFA 代码中的值为 H02，则表示让变频器的状态为正转运行。

b7							b0
0	0	0	0	0	0	1	0

示例：将变频器启动时的初始值设为 60 Hz，通过 FX5U PLC（通道 1），利用切换指令（可以通过触摸屏上的按钮）对变频器（站号 3）的运行速度（HED）进行速度 1（40 Hz）、速度 2（20 Hz）的切换。写入内容：D10＝运行速度（初始值：60 Hz、速度 1:40 Hz、速度 2:20 Hz），如图 1－5－13 所示。

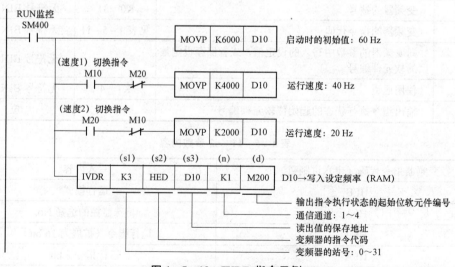

图 1－5－13　IVDR 指令示例

3）读出变频器的参数指令 IVRD

该指令是在 PLC 中读出变频器的参数。IVRD 指令梯形图如图 1-5-14 所示。

功能：从通信通道（n）中所连接的变频器的站号（s1），在（d1）中读出参数编号（s2）的值。

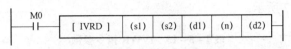

图 1-5-14　IVRD 指令梯形图

各参数含义：指令中各参数内容与 IVCK 完全相同，如表 1-5-8 所示。

示例：在 FX5U PLC（通道 1）中，在保存用软元件中读出变频器（站号 6）的参数值，如表 1-5-12 所示。这个程序示例是使用变频器 F700P 系列的第 2 参数指定代码的程序。有关其他第 2 参数代码可查阅相关参考资料。IVRD 指令梯形图程序如图 1-5-15 所示。

表 1-5-12　IVRD 指令参数

参数编号	名称	第 2 参数指定代码	保存用软元件
C2	端子 2 频率设定的偏置频率	902	D100
C3	端子 2 频率设定的偏置	1902	D101
125	端子 2 频率设定的增益频率	903	D102
C4	端子 2 频率设定的增益	1903	D103

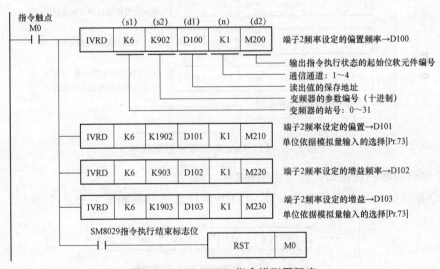

图 1-5-15　IVRD 指令梯形图程序

4）写入变频器的参数指令 IVWR

该指令是从 PLC 向变频器写入参数值。IVWR 指令梯形图如图 1-5-16 所示。

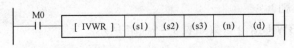

图 1-5-16　IVWR 指令梯形图

功能：在通信通道（n）中所连接的变频器的站号（s1）的参数编号（s2）中写入（s3）的值。

各参数含义：IVWR 指令参数如表 1-5-12 所示。

示例：针对变频器（站号 6），从 FX5U PLC（通道 1）在表 1-5-13 所示的参数中写入设定值。这个程序示例是使用变频器 F700P 系列的第 2 参数指定代码的程序。IVWR 指令梯形图程序如图 1-5-17 所示。

表 1-5-13　IVWR 指令参数

参数编号	名称	第 2 参数指定代码	写入的设定值
C2	端子 2 频率设定的偏置频率	902	10 Hz
C3	端子 2 频率设定的偏置	1902	100%
125	端子 2 频率设定的增益频率	903	200 Hz
C4	端子 2 频率设定的增益	1903	100%

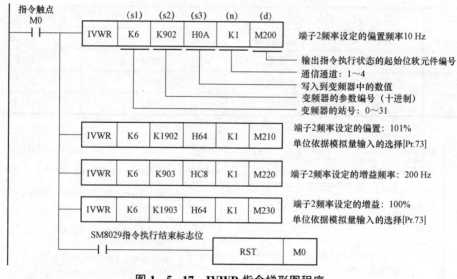

图 1-5-17　IVWR 指令梯形图程序

5）变频器参数的成批写入指令 IVBWR

该指令是成批地写入变频器的参数。IVBWR 指令梯形图如图 1-5-18 所示。

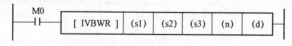

图 1-5-18　IVBWR 指令梯形图

功能：对于通信通道（n）中所连接的变频器的站号（s1），以（s3）中指定的字软元件为起始，在（s2）中指定的点数范围内，连续写入要写入的参数编号以及写入值（2 个字/1 点）（写入个数没有限制）。

各参数含义：IVBWR 指令参数如表 1-5-14 所示。

表 1-5-14　IVBWR 指令参数

操作数	内容	范围	数据类型
(s1)	变频器的站号	K0~31	无符号 BIN 16 位
(s2)	变频器的参数写入个数		无符号 BIN 16 位
(s3)	写入到变频器中的参数表的起始软元件编号		无符号 BIN 16 位
(n)	使用通道	K1~4	无符号 BIN 16 位
(d)	输出指令执行状态的起始位软元件编号		位

示例：从 FX5U PLC（通道 1）向变频器（站号 5）写入以下参数：上限频率（Pr.1）：120 Hz，下限频率（Pr.2）：5 Hz，加速时间（Pr.7）：1 s，减速时间（Pr.8）：1 s。具体写入地址与写入内容为：参数编号 1=D200、2=D202、7=D204、8=D206、上限频率=D201、下限频率=D203、加速时间=D205、减速时间=D207。IVBWR 指令梯形图程序如图 1-5-19 所示。

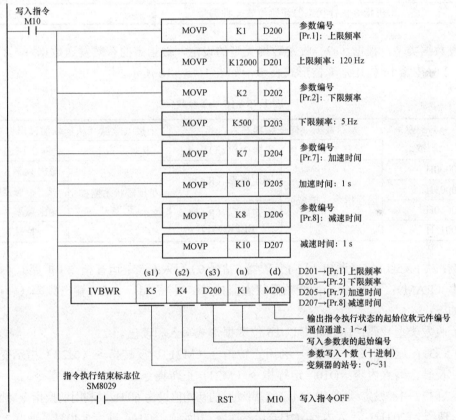

图 1-5-19　IVBWR 指令梯形图程序

6）变频器的多个指令 IVMC

该指令是向变频器写入 2 种设定（运行指令和设定频率）时，同时执行 2 种数据（变频器状态监控和输出频率等）的读出。IVMC 指令梯形图如图 1-5-20 所示。

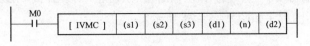

图 1-5-20　IVMC 指令梯形图

功能：对于通信通道（n）中所连接的变频器的站号（s1），执行变频器的多个指令。在（s2）中指定收发数据类型，在（s3）中指定写入变频器中的数据的起始软元件，在（d1）中指定从变频器读出的数值的起始软元件。

各参数含义：IVMC 指令参数如表 1-5-15 所示。

表 1-5-15　IVMC 指令参数

操作数	内容	范围	数据类型
（s1）	变频器的站号	K0～31	无符号 BIN 16 位
（s2）	变频器的多个指令收发数据类型的指定	见表 1-5-16	无符号 BIN16 位
（s3）	写入到变频器中的参数数据的起始软元件		无符号 BIN 16 位
（d1）	保存从变频器读出的读出值的起始软元件		无符号 BIN 16 位
（n）	使用通道	K1～4	无符号 BIN 16 位
（d2）	输出指令执行状态的起始位软元件编号		位

收发数据类型，根据（s2）收发数据类型的设定，被指定的有效发送数据 1、2 及接收数据 1、2 时按照 16 位还是 8 位形式表示，如表 1-5-16 所示。

表 1-5-16　s2 参数

（s2）收发数据类型（十六进制数）	发送数据（向变频器写入内容）		接收数据（从变频器读出内容）	
	数据 1（s3）	数据 2 [（s3）+1]	数据 1（d1）	数据 2 [（d1）+1]
0000H	运行指令（扩展）	设定频率（RAM）	变频器状态监控（扩展）	输出频率（转速）
0001H				特殊监控
0010H		设定频率（RAM、EEPROM）		输出频率（转速）
0011H				特殊监控

示例：从 FX5U PLC（通道 1）向变频器（站号 0）写入（s3）：运行指令（扩展）、（s3）+1：设定频率（RAM）；读出（d1）：变频器状态监控（扩展）、（d1）+1：输出频率（转速）。具体要求如下：

（1）收发类型代码：H0000 即以 16 位数据形式写入和读出。

（2）（s3）：运行指令（扩展），利用正转指令（M21）、反转指令（M22）指示变频器进行正转、反转，写入内容：D10＝运行指令（M21＝正转指令、M22＝反转指令）。

（3）（s3）+1：设定频率（RAM），将启动时的初始值设为 60 Hz，利用切换指令切换速度 1（40 Hz）、速度 2（20 Hz）；写入内容：D11＝运行速度（初始值：60 Hz、速度 1:40 Hz、速度 2:20 Hz）。

（4）（d1）：变频器状态监控（扩展），将读出值保存于 M100～M115 中，输出 Y0～Y3 到外部；读出内容：D20＝变频器状态监控（扩展）（变频器运行中＝M100、正转中＝M101、反转中＝M102、发生异常＝M115）。

（5）（d1）+1：输出频率（转速），读出输出频率（转速）；读出内容：D21＝输出频率（转速）。

IVMC 指令梯形图程序如图 1-5-21 所示。

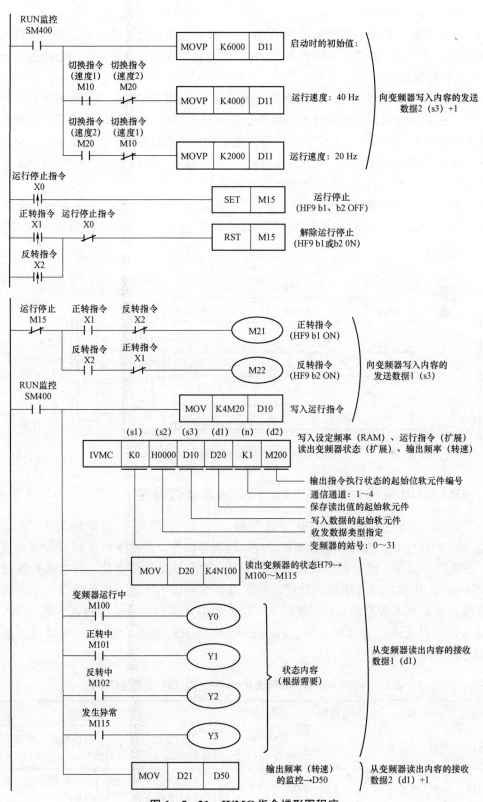

图 1－5－21 IVMC 指令梯形图程序

7）专用指令使用说明

（1）变频器通信指令的驱动触点处于 OFF→ON 的上升沿时，开始与变频器进行通信。与变频器进行通信时，即使驱动触点变为 OFF 也会将通信执行到最后。当驱动触点一直为 ON 时，执行反复通信。

（2）FX5U PLC 的变频器通信指令通过操作数（d）或者（d2）指定输出通信执行状态的软元件。该软元件是根据变频器通信指令正在执行的通信/正常结束/异常结束各状态，进行输出的位软元件（占用 3 点）可以通过指定的位软元件确认状态。不论是正常结束还是异常结束，在变频器通信指令执行结束时 SM8029 都置 ON，而（d）+2 或（d2）+2 只在异常结束时置 ON，因此可以判断正常结束/异常结束。

（3）指令的同时驱动以及通信的处理，在正在通信的串行口中，如果同时驱动多个指令，则在与当前的变频器通信结束后，再执行程序中的下一个变频器通信指令的通信，如图 1-5-22 所示。

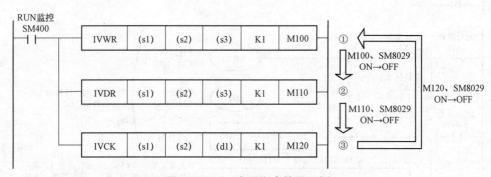

图 1-5-22　专用指令使用示例

1.5.3　FR-E740 采用 RS-485（PU 口）通信参数设定

在使用变频器的 PU 接口进行通信时，无论是使用三菱变频器专用协议或 MODBUS-RTU 协议，都可以进行参数设定、监视等操作。为使控制器 PLC 能够与变频器通信，必须在变频器上进行通信规格的初始设定。这里变频器作为从站只接收数据进行运行。MODBUS 协议使用专用的信息帧，在主设备与从设备间进行串行通信。专用的信息帧具有能读取和写入数据的功能，使用这一功能可以从变频器读取或写入参数、写入变频器的输入指令以及确认运行状态等。FR-E740 采用 RS-485（PU 口）主要通信参数如表 1-5-17 所示。

表 1-5-17　FR-E740 采用 RS-485（PU 口）主要通信参数

参数编号	名称	初始值	设定范围	内容
Pr.117	PU 通信站号	0	0～31 （0～247）[①]	变频器站号指定：1 台控制器连接多台变频器时要设定变频器的站号
Pr.118	PU 通信速率	192	48、96、192、384	通信速率：设定值×100，即通信速率设定为 192 时通信速率为 19 200 b/s

参数编号	名称	初始值	设定范围	内容	
				停止位长	数据位长
Pr.119	PU 通信停止位长	1	0	1 bit	8 bit
			1	2 bit	
			10	1 bit	7 bit
			11	2 bit	
Pr.120	PU 通信奇偶校验	2	0	0 无奇偶校验	
			1	1 奇校验	
			2	2 偶校验	
Pr.123	PU 通信等待时间设定	9 999	0~150 ms	设定向变频器发出数据后信息返回的等待时间	
			9 999	用通信数据进行设定	
Pr.124	PU 通信有无 CR/LF 选择	1	0	无 CR、LF	
			1	有 CR	
			2	有 CR、LF	
Pr.549	协议选择	0	0	三菱变频器（计算机链接）协议	
			1	MODBUS‒RTU 协议	

说明：

上述参数在 Pr.160 用户参数组读取选择="0"时可以设定。

注①：Pr.549="1"（MODBUS‒RTU 协议）时为括号内的设定范围。当主设备作为地址 0（站号 0）进行 MODBUS‒RTU 通信时，为广播通信，变频器不向主设备发送应答信息。需要变频器回复信息时，请设定 Pr.117 PU 通信站号≠0（初始值 0）。

在使用 MODBUS‒RTU 通信时，变频器预先在保持寄存区域（寄存器地址 40001~49999）中对各变频器的数据进行了分类。通过访问被分配的保持寄存器地址，主设备可以与作为从设备的变频器进行通信。保存寄存器主要有两大类作用：一个是系统环境变量写入和读取，另一个是实时监视数据用。FR‒E740 系列变频器通信系统环境变量寄存器如表 1‒5‒18 所示。

表 1‒5‒18 FR‒E740 系列变频器通信系统环境变量寄存器

寄存器号	定义	读取/写入	备注
40002	变频器复位	写入	写入值可任意设定
40003	参数清除	写入	写入值请设定为 H965A
40004	参数全部清除	写入	写入值请设定为 H99AA
40006	参数清除①	写入	写入值请设定为 H5A96
40007	参数全部清除①	写入	写入值请设定为 HAA99
40009	变频器状态/控制输入命令②	读取/写入	参照表 1‒4‒9 所示内容

续表

寄存器号	定义	读取/写入	备注
40010	运行模式/变频器设定^③	读取/写入	参照表 1-4-10 所示内容
40014	运行频率（RAM 值）	读取/写入	根据 Pr.37 的设定，可切换频率和转速
40015	运行频率（EEPROM 值）	写入	的转速单位是 1 r/min

注①：无法清除通信参数的设定值。

注②：写入时作为控制输入命令来设定数据，读取时作为变频器的运行状态来读取数据。

注③：写入时作为运行模式设定来设定数据，读取时作为运行模式状态来读取数据。

M40009 变频器状态/控制输入命令如表 1-5-19 所示。

表 1-5-19　M40009 变频器状态/控制输入命令

Bit	定义	
	控制输入命令	变频器状态
0	停止指令	RUN（变频器运行中）^②
1	正转指令	正转中
2	反转指令	反转中
3	RH（高速指令）^①	SU（频率到达）
4	RM（中速指令）^①	OL（过载）
5	RL（低速指令）^①	0
6	0	FU（频率检测）^②
7	RT（第 2 功能选择）	ABC（异常）^②
8	AU（电流输入选择）	0
9	0	0
10	MRS（输出停止）^①	0
11	0	0
12	RES（复位）^①	0
13	0	0
14	0	0
15	0	异常发生

注①②（　）内的信号为初始状态下的信号。

M40010 运行模式/变频器设定寄存器的含义如表 1-5-20 所示。

表 1 – 5 – 20　M40010 运行模式/变频器设定寄存器的含义

模式	读取值	写入值
EXT	H0000	H0010
PU	H0001	—
EXT JOG	H0002	—
PU JOG	H0003	—
NET	H0004	H0014
PU + EXT	H0005	—

常用的实时监视寄存器如表 1 – 5 – 21 所示。

表 1 – 5 – 21　常用的实时监视寄存器

寄存器	内容	单位
40201	输出频率/转速	0.01 Hz/1
40202	输出电流	0.01 A
40203	输出电压	0.1 V
40205	频率设定值/转速设定值*1	0.01 Hz/1
40207	电动机转矩	0.1%
40208	变频器输出电压	0.1 V
40209	再生制动器使用率	0.1%
40210	电子过电流保护负载率	0.1%
40211	输出电流峰值	0.01 A
40212	变频器输出电压峰值	0.1 V
40214	输出电力	0.01 kW
40215	输入端子状态 *2	—
40216	输出端子状态 *3	—
40220	累计通电时间	1 h
40223	实际运行时间	1 h

1.5.4　GS2107 触摸屏基础

本次任务使用的是三菱公司推出的 GOT Simple 系列，型号为 GS2107。

1. 结构

1）GS2107 的外形结构

GS2107 的正面和背面结构如图 1 – 5 – 23 所示。

图1-5-23（a）中1为显示部分，显示应用程序画面及用户创建画面；2为触摸面板，用于操作应用程序画面及用户创建画面内的触摸开关。

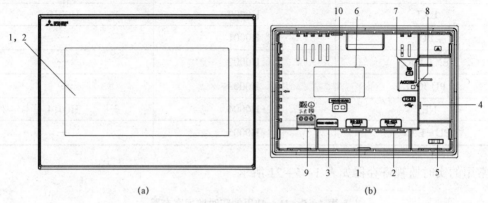

(a)　　　　　　　　　　(b)

图1-5-23　GS2107的正面和背面结构

（a）正面；（b）背面

图1-5-23（b）中各部分名称和规格如表1-5-22所示。

表1-5-22　GS2107名称规格

序号	名称	规格
1	RS-232接口	用于与连接设备（可编程控制器、微型计算机、条形码阅读器、RFID等）连接，或者与计算机连接（OS安装、工程数据下载、FA透明功能）（D-Sub 9针公）
2	RS-422接口	用于与连接设备（可编程控制器、微型计算机等）连接（D-Sub 9针母）
3	以太网接口	用于与连接设备（可编程控制器、微型计算机等）的以太网连接（RJ-45连接器）
4	USB接口	数据传送、保存用USB接口（主站）
5	USB电缆脱落防止孔	可用捆扎带等在该孔进行固定，以防止USB电缆脱落
6	额定铭牌（铭牌）	记载型号、消耗电流、生产编号、H/W版本、BootOS版本
7	SD卡接口	用于将SD卡安装到GOT的接口
8	SD卡存取LED	点亮：正在存取SD卡；熄灭：未存取SD卡时
9	电源端子	电源端子、FG端子［用于向GOT供应电源（DC 24 V）及连接地线］
10	以太网通信状态LED	SD RD：收发数据时绿灯点亮；100 M：100 Mb/s传送时绿灯点亮

2）接口

GS2107接口实物外形如图1-5-24所示。

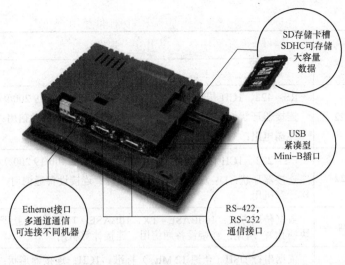

SD存储卡槽
SDHC可存储
大容量
数据

USB
紧凑型
Mini-B插口

Ethernet接口
多通道通信
可连接不同机器

RS-422,
RS-232
通信接口

图 1-5-24　GS2107 接口实物外形

2. 性能规格

GS2107 触摸屏的性能规格如表 1-5-23 所示。

表 1-5-23　GS2107 触摸屏的性能规格

项目		规格
		GS2107-WTBD
显示部分	种类	TFT 彩色液晶
	画面尺寸	7 英寸
	分辨率	800×480 [点]
	显示尺寸	W154（6.06）×H85.9（3.38）[mm]（英寸）
	显示字符数	16 点字体时：50 字×30 行（全角）（横向显示时）
	显示色	65 536 色
	亮度调节	32 级调整
背光灯		LED 方式（不可以更换），可以设置背光灯 OFF/屏幕保护时间
触摸面板	方式	模拟电阻膜方式
	触摸键尺寸	最小 2×2 [点]（每个触摸键）
	同时按下	不可同时按下（仅可触摸 1 点）
	寿命	100 万次（操作力 0.98 N 以下）
存储器	C 驱动器	内置快闪卡 9 M 字节（工程数据存储用、OS 存储用）
		寿命（写入次数）10 万次

项目		规格
		GS2107 – WTBD
内置接口	RS – 422	RS – 422、1CH 传送速度：115 200/57 600/38 400/19 200/9 600/4 800 b/s 连接器形状：D – Sub 9 针（母）；用途：连接设备通信用； 终端电阻：330 Ω 固定
	RS – 232	RS – 232、1CH 传送速度：115 200/57 600/38 400/19 200/9 600/4 800 b/s 连接器形状：D – Sub 9 针（公）；用途：连接设备通信用、条形码阅读器，连接计算机用
	以太网	数据传送方式：100BASE – TX、10BASE – T；1CH 连接器形状：RJ – 45（模块插孔）；用途：连接设备通信用、连接计算机用
	USB	依据串行 USB（全速 12 Mb/s）标准、1CH；连接器形状：Mini – B； 用途：连接计算机用
	SD 卡	依据 SD 规格 1CH；支持存储卡：SDHC 存储卡、SD 存储卡； 用途：软件包数据上载/下载、日志数据保存
蜂鸣输出		单音色（长/短/无可调整）
保护构造		IP65F（仅面板正面部分）
外形尺寸		W206（8.11）×H155（6.11）×D50（1.97）[mm]（英寸）
面板开孔尺寸		W191（7.52）×H137（5.40）[mm]（英寸）（横向显示时）
质量		约 0.9 kg（不包括安装用的金属配件）
对应软件包（GT Designer3 的版本）		Version1.104J 以后

1.5.5 GT Designer3 使用

1. GT Designer3 简介

GT Designer3 是 GOT2000 系列、GOT1000 系列和 GS 系列触摸屏用的画面创建软件。该软件可以进行工程创建、模拟、与 GOT 间的数据传送。该软件能进行以下操作：

1）创建工程

GT Designer3 中，使 GOT 动作的数据是以工程为单位进行管理的。对创建的工程设置在 GOT 中显示的画面或在 GOT 中动作的功能等。

2）模拟仿真

使用 GT Designer3 在计算机中对 GT Designer3 中正在创建的工程进行 GOT 操作的模拟。通过 GT Designer3 单体也可以对 GT Designer3 中已创建的工程进行模拟。通过 GT Designer3 单体模拟时，可对 GOT2000 系列、GOT1000 系列和 GS 系列触摸屏的工程进行模拟。

3）数据传送

将创建的工程、GOT 运行所需的数据从 GT Designer3 写入 GOT 中；此外，将 GOT 中积累的资源数据从 GOT 读取至 GT Designer3。

2. 启动 GT Designer3

从三菱电机官网下 GT Designer3 软件进行安装，安装完成后，如果要使用 GS21 系列的触摸屏，再安装一个插件文件 GS Installer 以便于在建立工程时可以选择到 GS 系列的型号。安装完成后在桌面上生成一个 █ 图标。

1）GT Designer3 启动

（1）第一种启动方法。

第一步：单击 Windows 的开始菜单的"全部程序"→"MELSOFT 应用程序"→"GT Works3"→"GT Designer3"后，即启动 GT Designer3，（Windows7 时），如图 1-5-25 所示。

第二步：在图 1-5-25"工程选择"对话框中选择操作。

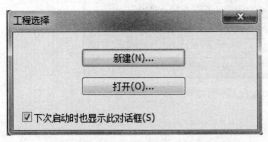

图 1-5-25　GT Designer3 启动

（2）第二种启动方法。

双击桌面上的 █ 图标，打开 GT Designer3 软件，出现如图 1-5-25 所示画面进行选项操作。

2）GT Designer3 的画面结构

GT Designer3 的画面结构如图 1-5-26 所示。

图 1-5-26 中各部分简要说明如下，窗口具体功能可参考相关手册。

（1）标题栏。

显示软件名。根据编辑中的工程的保存格式，会显示工程名（工作区格式）或带完整路径的文件名（单文件格式）。

（2）菜单栏。

可以通过下拉菜单操作 GT Designer3。

（3）工具栏。

可通过按钮等操作 GT Designer3。

（4）折叠窗口。

可折叠于 GT Designer3 窗口上的窗口。折叠位置可定制。

（5）编辑器页。

显示工作窗口中显示的画面编辑器或窗口的页。

（6）工作窗口。

会显示画面编辑器、"环境设置"窗口、"GOT 设置"窗口等。

（7）画面编辑器。

配置图形、对象，创建要在 GOT 中显示的画面。

（8）状态栏。

根据鼠标光标的位置、图形、对象的选择状态，会显示不同内容。

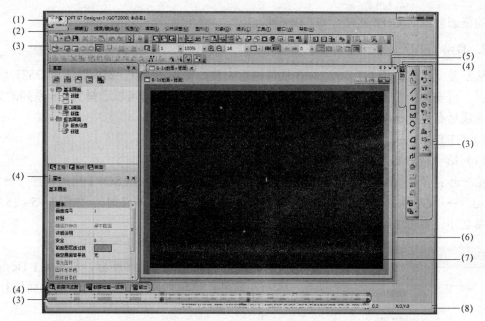

图 1-5-26 **GT Designer3** 画面结构

3. 创建工程

工程的创建方法有新建和引用保存的工程进行创建两种。引用保存的工程进行创建实质是通过关键字等条件,从保存的工程中搜索可以引用的工程,在搜索到的工程的基础上创建工程。

新建工程有使用向导和不使用向导两种方式。使用向导按照流程进行必要的设置就可以完成,默认设置下,显示为向导方式。我们一般以向导方式为主。

1) 使用向导创建

第一步:在图 1-5-25 所示"工程选择"画面中,单击对话框的"新建(N)…"按钮,或者在图 1-5-26 所示画面中选择"工程"→"新建"→"新建"菜单,即弹出"新建工程向导"对话框,如图 1-5-27 所示。

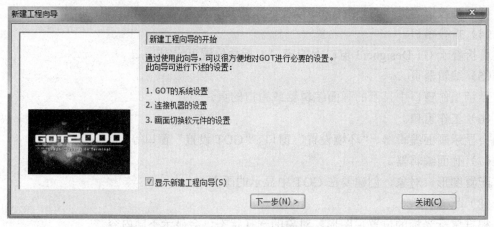

图 1-5-27 **GT Designer3** 向导创建工程(1)

第二步：单击图 1−5−27 中"下一步"按钮，出现如图 1−5−28 所示画面。

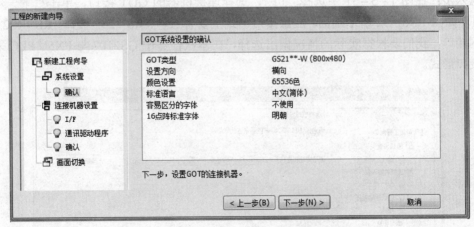

图 1−5−28　GT Designer3 向导创建工程（2）

"系列"：选择 GOT 的系列，可选择 GOT2000 系列、GOT1000 系列、GS 系列三种。

"机种"：选择 GOT 的机种。本次任务使用的是 GS 系列，在 GS 系列中只有一种"GS21**−W（800×480）"选择，与所选机种对应的 GOT 型号，可以在"对应型号"中确认。同时选择触摸屏是横向放置，语言设置为中文。

第三步：在图 1−5−28 中设置"系列""机种""设置方向""语言"后，单击"下一步"按钮，出现如图 1−5−29 所示画面。

图 1−5−29　GT Designer3 向导创建工程（3）

第四步：确认图 1−5−29 中设置的内容，单击"下一步"按钮，出现如图 1−5−30 所示画面。

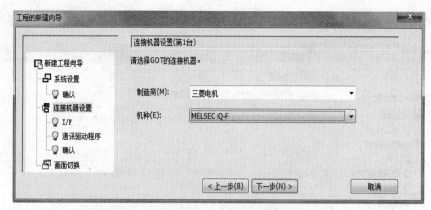

图 1-5-30　GT Designer3 向导创建工程（4）

第五步：在图 1-5-30 中设置"制造商""机种"，单击"下一步"按钮，出现如图 1-5-31 所示画面。

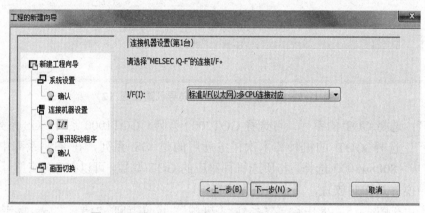

图 1-5-31　GT Designer3 向导创建工程（5）

第六步：在图 1-5-31 中选择"I/F"，选择连接机器的 GOT 接口，单击"下一步"按钮，出现如图 1-5-32 所示画面。注意接口形式主要有三种：RS-232 接口、RS-422 接口、以太网接口，我们要根据实际的情况做出选择，在本次任务中 GS2107 与 FX5U PLC 采用以太网接口形式。

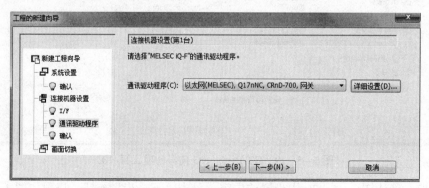

图 1-5-32　GT Designer3 向导创建工程（6）

第七步：在图 1-5-32 中设置"通讯驱动程序"。根据 GOT 和连接机器的连接形式，选择使用的通讯驱动程序。可选的通讯驱动程序因"制造商""机种""I/F"的设置而异。请根据使用的连接机器、连接形式进行设置。单击"详细设置"按钮可以显示"详细设置"对话框，如图 1-5-33 所示。单击"下一步"按钮，出现如图 1-5-34 所示画面。

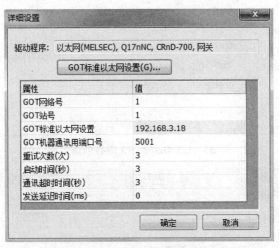

图 1-5-33　GT Designer3 向导创建工程（7）

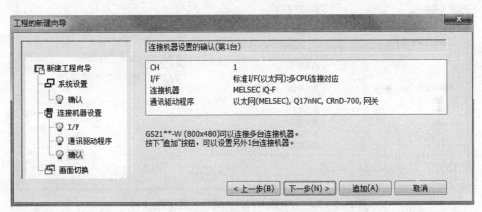

图 1-5-34　GT Designer3 向导创建工程（8）

第八步：在图 1-5-34 连接机器的设置完成后，单击"下一步"按钮，出现如图 1-5-35 所示画面。GS2107 可以连接多台连接器，如果需要设置第 2 台以后的连接机器时，可单击"追加"按钮，重复第五步操作。

第九步：在图 1-5-35 中设置基本画面和必要画面的切换软元件，并单击"下一步"按钮，出现如图 1-5-36 所示画面，也可在"环境设置"窗口中设置画面切换软元件。

"基本画面"用于设置基本画面的画面切换软元件。"重叠窗口"用于设置重叠窗口 1→2 的画面切换软元件，GS2107 仅可设置重叠窗口 1→2 的画面切换软元件。"叠加窗口"用于设置叠加窗口 1→2 的画面切换软元件。"对话框窗口"用于设置对话框窗口的画面切换软元件。

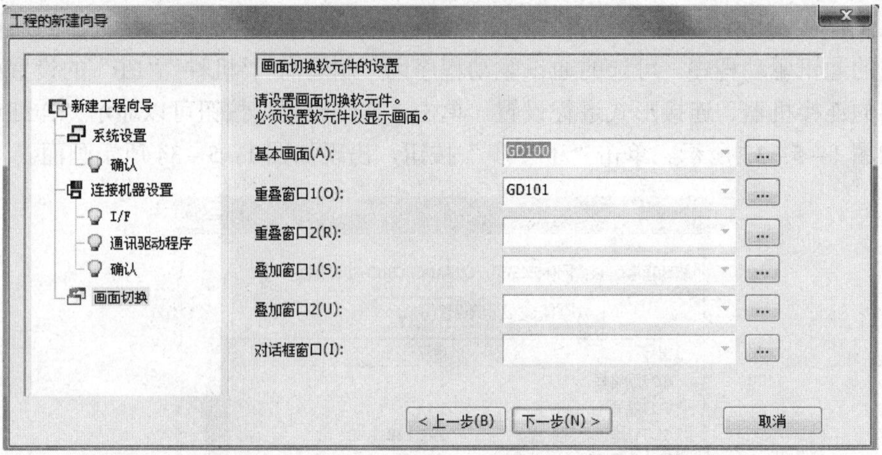

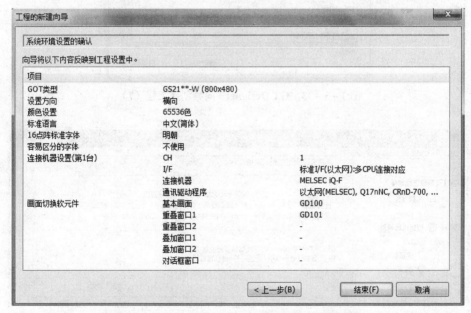

图 1-5-35　GT Designer3 向导创建工程（9）

图 1-5-36　GT Designer3 向导创建工程（10）

第十步：在图 1-5-36 中确认通过向导设置的内容，单击"结束"按钮即完成设置。至此使用导向的工程建立完成，进入到如图 1-5-26 所示的画面进行编辑。

2）不使用向导

第一步：选择"工具"→"选项"菜单，即弹出"选项"对话框，如图 1-5-37 所示。在对话框的"操作"页中进行了取消"显示新建工程向导"的勾选或者勾选"新建时进行机种设置"的设置时，新建工程后即显示"机种设置"和"连接机器设置"对话框。

第二步：进行以下任意一种操作，即弹出"机种设置"对话框，如图 1-5-38 所示。

（1）单击"工程选择"对话框的"新建"按钮。

（2）选择"工程"→"新建"→"新建"菜单。

第三步：在图 1-5-38 中进行必要设置，然后单击"确定"按钮。

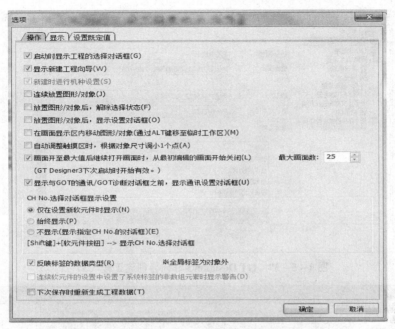

图 1-5-37　GT Designer3 非向导创建工程（1）

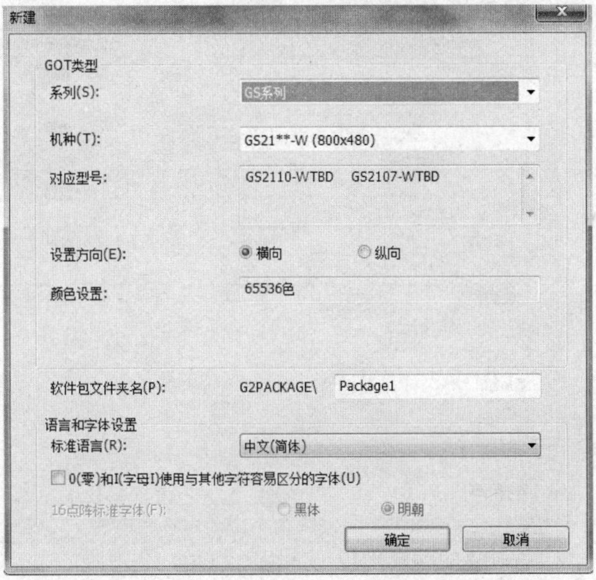

图 1-5-38　GT Designer3 非向导创建工程（2）

第四步：工程创建完成后，即弹出"连接机器设置"窗口，如图 1-5-39 所示。

第五步：选择要连接的机器的制造商、机种、GOT 的接口、通讯驱动程序，并单击"确定"按钮。

第六步：选择"公共设置"→"GOT 环境设置"→"画面切换/窗口"菜单，即弹出"环境设置"窗口的"画面切换/窗口"，如图 1-5-40 所示。

第七步：设置基本画面和必要画面的切换软元件，并单击"确定"按钮。至此工程建立完成。

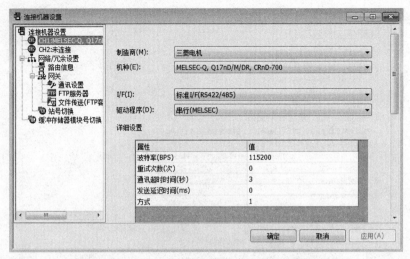

图 1 - 5 - 39　GT Designer3 非向导创建工程（3）

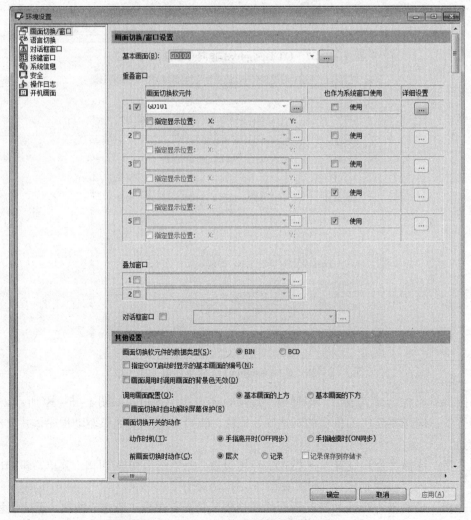

图 1 - 5 - 40　GT Designer3 非向导创建工程（4）

4. 对 GOT 进行读取和写入

1）设置通信方式

（1）通过 USB 电缆通信。

单击"通讯"→"通讯设置"菜单，弹出"通讯设置"对话框，如图 1-5-41 所示。

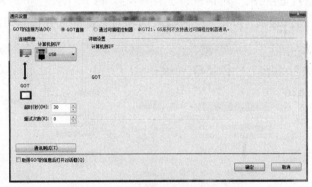

图 1-5-41 USB 电缆通信设置

在图 1-5-41 中进行如下设置：

① 在"GOT 的连接方法"中选择"GOT 直接"。

② 在"计算机侧 I/F"中选择"USB"。

然后单击"确定"按钮。

（2）通过以太网通信。

单击"通讯"→"通讯设置"菜单，弹出"通讯设置"对话框，如图 1-5-42 所示。

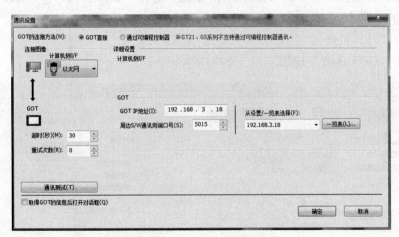

图 1-5-42 以太网通信设置

在图 1-5-42 中进行如下设置：

① 在"GOT 的连接方法"中选择"GOT 直接"。

② 在"计算机侧 I/F"中选择"以太网"。

③ 设置"GOT IP 地址"与"周边 S/W 通讯用端口号"。

然后单击"确定"按钮。

2）数据写入 GOT

向 GOT 写入时，通过以下方法显示对话框：

（1）选择"通讯"→"写入到 GOT"菜单，弹出"通讯设置"对话框，进行计算机-GOT间的通讯设置。参照前面进行相应的通讯设置。

（2）显示"与 GOT 的通讯"对话框，如图 1-5-43 所示。在"写入数据"中选择"软件包数据"，并单击"写入选项"按钮。有关写入选项对话框的选择操作可参考查阅相关资料。

图 1-5-43　数据写入 GOT

3）从 GOT 中读取数据

传送数据的读取在"与 GOT 的通讯"对话框中进行，如图 1-5-44 所示。

（1）"GOT 侧"的设置。

（2）设置"计算机侧"。

（3）单击"GOT 读取"按钮。

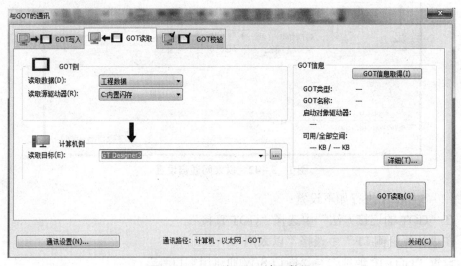

图 1-5-44　从 GOT 读取数据

5. 常用对象编辑

1）开关

开关是 GT Designer3 工程中用到最多的元件，包括以下几种：位开关、字开关、画面切换开关、站号切换开关、扩展功能开关、按键窗口显示开关和键代码开关。

（1）位开关。

位开关用于将位软元件设为 ON、OFF，有如下几种功能：

① 将指定位软元件设为 ON（置位），即按一下就一直接通，如图 1-5-45 所示。

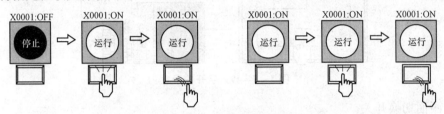

图 1-5-45　位开关 ON 时状态示意

② 将指定位软元件设为 OFF（复位），即按一下就立即复位，如图 1-5-46 所示。

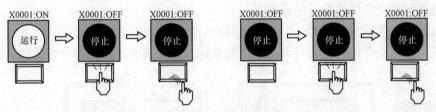

图 1-5-46　位开关 OFF 时状态示意

③ 反转指定位软元件当前的状态（ON←→OFF）（反转），即将当前开关的状态进行反转，从 0→1 或 1→0，如图 1-5-47 所示。

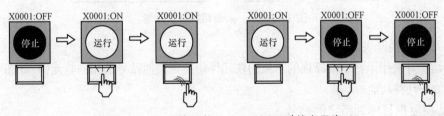

图 1-5-47　位开关 ON←→OFF 时状态示意

④ 将指定位软元件设为仅在触摸开关为触摸状态 ON（点动）时，即需要一直按住时才会接通，如图 1-5-48 所示。

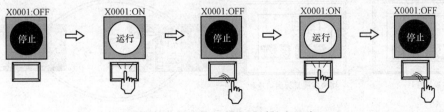

图 1-5-48　位开关点动时状态示意

（2）字开关。

字开关用于更改字软元件的值，如图1-5-49所示。有如下几种功能：

① 向指定字软元件写入设置的值（常数）。

② 向指定字软元件写入设置字软元件的值（间接软元件）。

③ 向指定字软元件写入设置字软元件的值+常数（常数+间接软元件）。

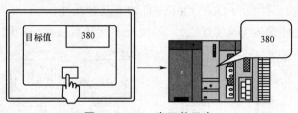

图1-5-49　字开关示意

（3）画面切换开关。

画面切换开关用于切换基本画面、窗口画面，如图1-5-50所示。有如下几种功能：

① 切换至上次显示的基本画面编号的画面。

② 切换至指定的画面编号的画面。

③ 通过指定位软元件的ON、OFF，切换至指定画面编号的画面。

④ 指定字软元件的当前值符合所设置的条件式时，切换至指定画面编号的画面。

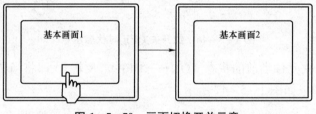

图1-5-50　画面切换开关示意

（4）站号切换开关。

站号切换开关用于将当前监视的对象的软元件切换到其他站号的相同软元件，如图1-5-51所示。有如下几种功能：

① 切换监视目标到指定的站号。

② 通过指定位软元件的ON、OFF，切换监视目标到指定的站号。

③ 指定字软元件的当前值符合所设置的条件式时，切换至指定的站号。

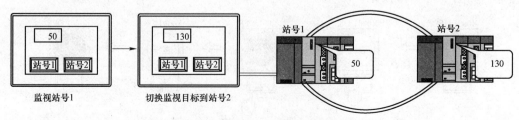

图1-5-51　站号切换开关示意

（5）扩展功能开关。

扩展功能开关用于切换至实用菜单、扩展功能等的画面，如图1-5-52所示。

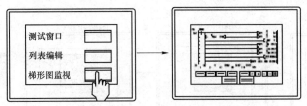

图1-5-52　扩展功能开关示意

（6）按键窗口显示开关。

按键窗口显示开关用于使指定的按键窗口显示在指定的位置或者使光标显示在指定的对象上，如图1-5-53所示。

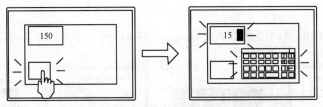

图1-5-53　按键窗口显示开关示意

（7）键代码开关。

键代码开关用于对数值输入、字符串输入的按键输入、报警显示、数据列表显示、报警进行控制，如图1-5-54所示。

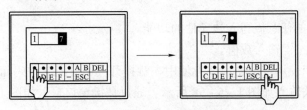

图1-5-54　键代码开关示意

2）指示灯

指示灯同样是工程中必不可少的一个元件，通过设置指示灯可以显示设备是否运行以及在设备出现故障时进行报警。

（1）位指示灯。

位指示灯可以通过位软元件的ON、OFF来控制指示灯的亮灯、熄灯，如图1-5-55所示。

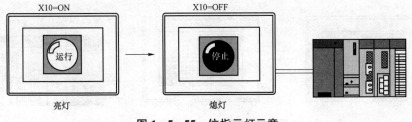

图1-5-55　位指示灯示意

（2）字指示灯。

字指示灯通过字软元件的值来更改指示灯亮灯颜色，如图1-5-56所示。

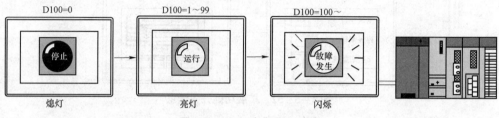

图1-5-56　字指示灯示意

3）数值显示与输入

数值显示可以在触摸屏上显示出PLC程序中寄存器的数值，从而起到监视生产的作用。

（1）数值显示。

将软元件中存储的数据以数值的形式显示到GOT中，如图1-5-57所示。

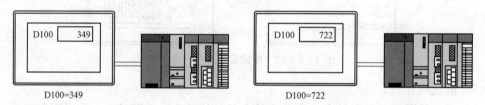

图1-5-57　数值显示示意

（2）数值输入。

将GOT中输入的任意值写入软元件的功能。

① 通过输入用按键输入数值。

输入用按键可以使用按键窗口或者使用在触摸开关中分配键代码而创建的按键。通过画面上配置的触摸开关输入如图1-5-58所示。通过按键窗口输入如图1-5-59所示。

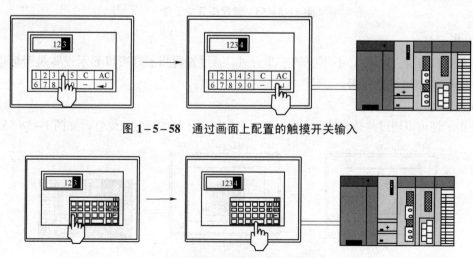

图1-5-58　通过画面上配置的触摸开关输入

图1-5-59　通过按键窗口输入

② 通过条形码阅读器或 RFID 输入数值，如图 1–5–60 所示。

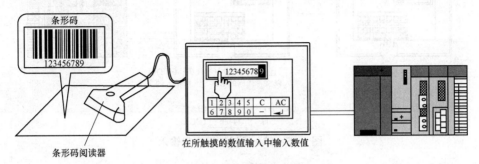

图 1–5–60　阅读器数值输入示意

4）字符串显示与输入

（1）字符串显示。

字符串显示可以将存储在字软元件中的数据视作字符代码（ASCII 代码、移位 JIS 代码、GB 代码、KS 代码、Big5 代码）以显示字符串，如图 1–5–61 所示。

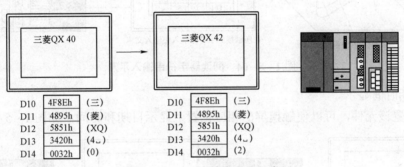

图 1–5–61　字符串显示示意

（2）字符串输入。

字符串输入是指以字符代码（ASCII 代码、移位 JIS 代码、GB 代码、KS 代码、Big5 代码）的方式将输入的文本写入字软元件中。

① 通过输入用按键输入文本。

输入用按键可以使用按键窗口或者使用在触摸开关中分配键代码而创建的按键。通过画面上配置的触摸开关输入如图 1–5–62 所示。通过按键窗口输入如图 1–5–63 所示。

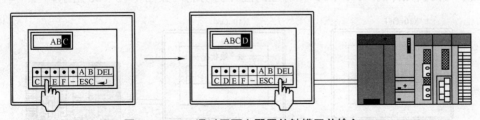

图 1–5–62　通过画面上配置的触摸开关输入

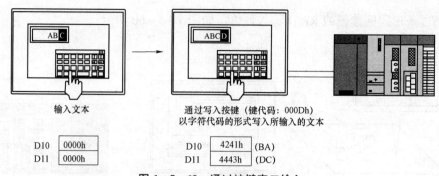

输入文本

通过写入按键（键代码：000Dh）
以字符代码的形式写入所输入的文本

| D10 | 0000h |
| D11 | 0000h |

| D10 | 4241h | （BA） |
| D11 | 4443h | （DC） |

图 1-5-63　通过按键窗口输入

② 通过条形码阅读器或 RFID 输入数值，如图 1-5-64 所示。

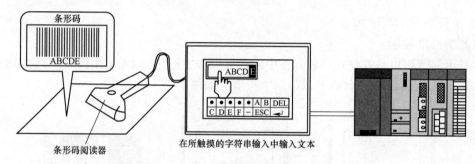

条形码

ABCDE

条形码阅读器

在所触摸的字符串输入中输入文本

图 1-5-64　阅读器字符串输入示意

5）日期时间显示

通过设置该元件，可以使触摸屏的相应位置上显示日期和时间，如图 1-5-65 所示。

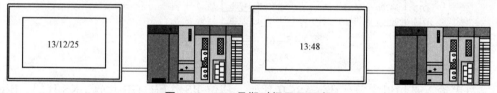

图 1-5-65　日期时间显示示意

6）注释显示

通过设置该元件，可以显示出位或字软元件对应的注释。

（1）注释显示（位）。

显示与位软元件的 ON、OFF 相对应的注释的功能，如图 1-5-66 所示。

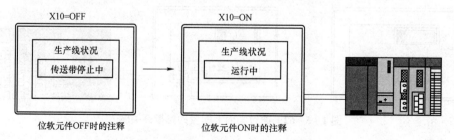

X10=OFF

生产线状况

传送带停止中

位软元件OFF时的注释

X10=ON

生产线状况

运行中

位软元件ON时的注释

图 1-5-66　注释（位）显示示意

（2）注释显示（字）。

显示与字软元件的值相对应的注释，如图 1-5-67 所示。

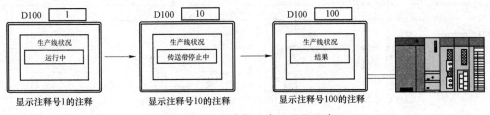

图 1-5-67　注释（字）显示示意

（3）注释显示（简单）。

不进行软元件设置而显示注释，如图 1-5-68 所示。

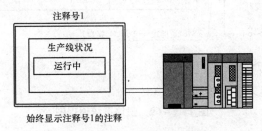

图 1-5-68　注释显示示意

任务实施

根据本任务要求，结合学过的知识和技能，按照以下流程完成本项目任务。

（1）根据控制要求画出控制系统原理图并完成硬件连接。

本系统主要由 FX5U-32MR、FR-E740 系列变频器、三相异步电动机、按钮、接触器等组成。为了安全，在变频器的电源进线端增加一个交流接触器并用紧急停止按钮 SB0 控制它，整个系统原理图如图 1-5-69 所示。采用两线制或四线制的 RS-485 接线图如图 1-5-70 所示。根据工艺规范要求连接好硬件设备。

（2）触摸屏画面设计。

根据本项目任务要求，触摸屏组态画面有三个位开关按钮（"停止 SB0""正转 SB1""反转 SB2"），两个位指示灯（正转指示灯和反转指示灯），八个字符串显示（设定运行频率和监测运行频率），两个时间显示。在数据关联时"停止 SB0""正转 SB1""反转 SB2"分别与 M300、M301、M302 关联；正转指示灯、反转指示灯分别与 M310、M311 关联；频率输入数值显示与 D200 关联，频率输出数值显示与 D202 关联。通信控制变频器运行界面如图 1-5-71 所示。

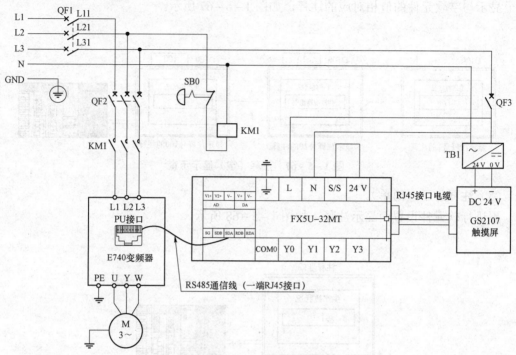

图 1-5-69　整体系统原理图

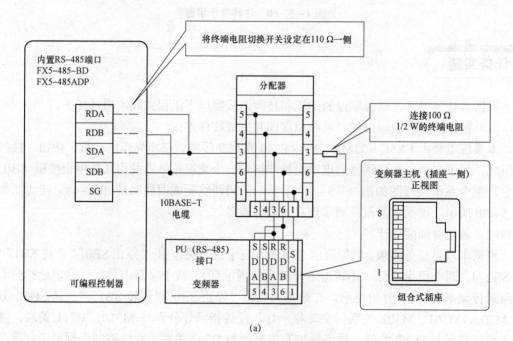

(a)

图 1-5-70　RS-485 接线图

(a) 两线制连接一台变频器

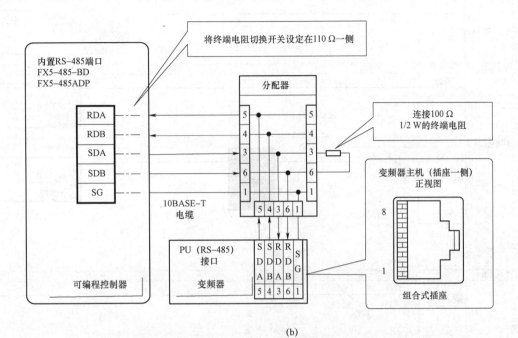

将终端电阻切换开关设定在110 Ω一侧

内置RS-485端口
FX5-485-BD
FX5-485ADP

分配器

连接100 Ω
1/2 W的终端电阻

RDA

RDB

SDA

SDB

SG

10BASE-T
电缆

变频器主机（插座一侧）
正视图

可编程控制器

PU（RS-485）
接口

变频器

组合式插座

（b）

图 1 – 5 – 70　RS – 485 接线图（续）

（b）四线制连接一台变频器

图 1 – 5 – 71　通信控制变频器运行界面

（3）PLC 程序编写。

本任务我们既可以用 MODBUS RTU 通信的 ADPRW 指令来实现，也可以使用变频器专用指令中的 IVMC 指令来实现控制要求，使用 IVMC 这么一条指令就可以实现写入和读出多个通道的频率以及其他变频器的信息。梯形图程序如图 1 – 5 – 72 所示。

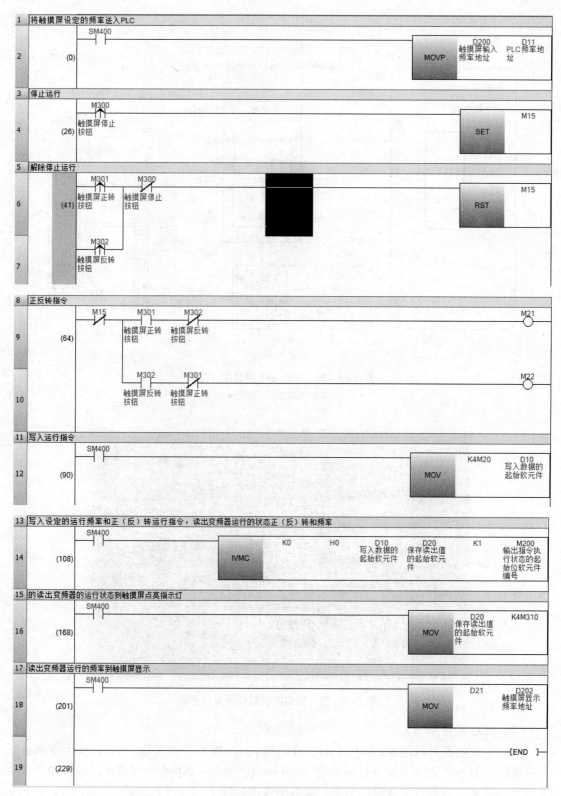

图 1-5-72　梯形图程序

（4）设备上电，变频器参数按照表 1－5－24 所示设置，触摸屏和 PLC 程序下载，系统整体调试。

表 1－5－24　变频器参数设置

参数编号	设定值
Pr117	1
Pr118	96
Pr119	11
Pr120	2
Pr123	999
Pr124	2
Pr549	1

任务总结

在本任务中我们使用专用通信指令的方式来实现变频器的运行控制，通过这个任务的实施让我们对通信控制变频器的运行有了了解，为今后在实际的变频器通信控制打下基础，但是我们要明白通信方式有多种多样，一定要根据控制要求选择最合适的、性价比好的方式，比如可以单独使用触摸屏直接通过 RS－485 串行通信而不采用 PLC 就可以直接控制多台变频器的运行。

MODBUS/TCP 与 MODBUS/RTU 的比较：

（1）MODBUS/RTU 和 MODBUS/TCP 两个协议的本质都是 MODBUS 协议，都是靠 MODBUS 寄存器地址来交换数据。

（2）MODBUS/RTU 和 MODBUS/TCP 所用的硬件接口不一样，MODBUS/RTU 一般采用串口 RS－232C 或 RS－485/422，而 MODBUS/TCP 一般采用以太网口。

（3）现在市场上有很多协议转换器，可以轻松地将这些不同的协议相互转换，如 Intesisbox 可以把 MODBUS/RTU 或者 MODBUS/ASCII 转换成 MODBUS/TCP。

（4）标准的 Modicon 控制器使用 RS－232C 实现串行的 MODBUS。MODBUS 的 ASCII、RTU 协议规定了消息、数据的结构、命令和就答的方式，数据通信采用 Maser/Slave 方式。

（5）MODBUS 协议需要对数据进行校验，串行协议中除有奇偶校验外，ASCII 模式采用 LRC 校验，RTU 模式采用 16 位 CRC 校验。

（6）MODBUS/TCP 模式没有额外规定校验，因为 TCP 协议是一个面向连接的可靠协议。

（7）TCP 和 RTU 协议非常类似，只要把 RTU 协议的两个字节的校验码去掉，然后在 RTU 协议的开始加上 5 个 0 和一个 6 并通过 TCP/IP 网络协议发送出去即可。

情境2　PLC 控制步进电动机系统运行

任务 2.1　FX5U PLC 及步进电动机在工作台的应用

任务目标

本任务主要是利用 PLC 控制步进电动机系统运行实现步进电动机的简单控制。任务具体要求为：有一工作台由步进电动机拖动丝杠构成，其工作示意图如图 2-1-1 所示。丝杠导程为 5 mm，工作台最大行程为 25 cm。设备上电后先回原点，然后再根据需要设定行程和运动速度运行，整个系统可以通过触摸屏操作。

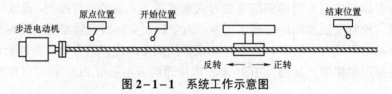

图 2-1-1　系统工作示意图

通过这个任务的完成达到以下教学目标。

1. 知识目标

（1）熟悉步进电动机和步进驱动器的结构和工作原理。

（2）掌握步进电动机的铭牌信息、型号标识及主要参数。

（3）掌握步进电动机及步进驱动器的选型。

（4）掌握步进电机的简单应用。

2. 技能目标

（1）能准确识别步进电动机的铭牌、型号及主要参数。

（2）能根据实际需要选择合适的步进系统。

（3）能完成步进电动机和步进驱动器以及控制器（PLC）的电气连接。

（4）会编写控制步进系统的 PLC 程序。

任务分析

本任务主要是认识步进电动机整体结构及工作原理，通过铭牌了解步进电动机参数，然后选择合适的步进电动机和步进驱动器，利用 PLC 来完成控制步进系统运行。通过教师的讲授学习有关步进电动机的工作原理及结构和选型知识，引导学生学会查阅有关资料来完成本任务。

知识准备

2.1.1　步进电动机

1. 步进电动机简介

步进电动机是一种将脉冲信号转换成角位移或直线位移的执行元件。当步进电动机接收到一个脉动直流信号，它就按设定的方向转动一个固定的角度（称为"步距角"），它接收到持续的脉动直流信号便能以固定的角度一步一步地旋转。步进电动机的输出位移量与输入脉冲个数成正比，其速度与单位时间内输入的脉冲数（即脉冲频率）成正比，其转向与脉冲分配到各相绕组的相序有关。因此只要控制指令脉冲的电动机绕组通电的相序、频率及数量，便可控制步进电动机的输出方向、速度和位移量。

步进电动机的分类形式很多，型号也很多，如两相步进电动机、三相步进电动机、四相步进电动机、五相步进电动机、永磁式步进电动机、反应式步进电动机和混合式步进电动机等。图 2-1-2 所示为步进电动机实物图。

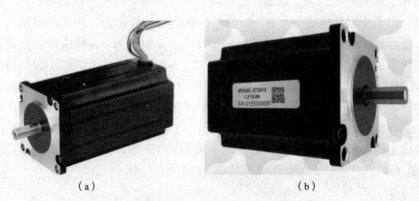

（a）　　　　　　　　　　　　　　（b）

图 2-1-2　步进电动机实物图

（a）步科 3S57Q-04079；（b）雷赛 373S15

步进电动机具有较好的控制性能，其启动、停车、反转及其他任何运行方式的改变都可在少数脉冲内完成，并且可获得较高的控制精度，因而广泛应用在简易数控机床、绘图仪、玩具、打印机、机械手臂等速度和精度要求不太高的场合。

2. 步进电动机的结构和工作原理

1）步进电动机的结构

我国使用反应式步进电动机较多，它与普通电动机一样，也是由定子（绕组、定子铁芯），转子（转子铁芯、永磁体、转轴、滚珠轴承），前后端盖等组成，如图 2-1-3 所示。

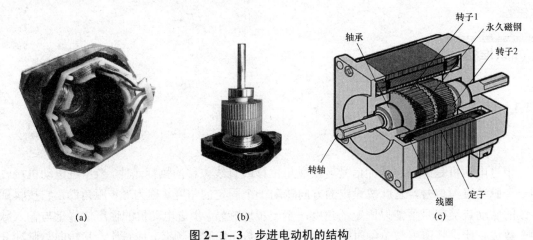

图 2-1-3 步进电动机的结构

（a）步进电动机定子；（b）步进电动机转子；（c）步进电动机结构

　　最典型两相混合式步进电动机的定子有 8 个大齿、40 个小齿，转子有 50 个小齿；三相电动机的定子有 9 个大齿、45 个小齿，转子有 50 个小齿。图 2-1-4（a）所示为典型的单定子、径向分相、反应式步进电动机的结构原理图，图 2-1-4（b）所示为典型的五定子、径向分相、反应式步进电动机的结构原理图。定子铁芯由硅钢片叠压而成，定子绕组是绕制在定子铁芯 6 个均匀分布的齿上线圈，在径向上相对的两个齿上的线圈串联在一起，构成一相控制绕组。定子绕组共构成 A、B、C 三相控制绕组，故称为三相步进电动机。若任一相绕组通电，便形成一组定子磁极，其方向如图 2-1-4 中的 N、S 极所示。在定子的每个磁极上，面向转子的部分，又均匀分布着 5 个小齿（5×6 共 30 个），这些小齿呈梳状排列，齿槽等宽，齿距角为 9°。转子上没有绕组，只有均匀分布的 40 个齿，其大小和间距与定子上的完全相同。定子和转子的齿数不相等，产生了错齿，三相定子磁极上的小齿在空间位置上依次错开 1/3 齿距，即 3°，如图 2-1-5 所示。当 A 相磁极上的小齿与转子上的小齿对齐时，B 相磁极上的齿刚好超前（或滞后）转子齿 1/3 齿距角，C 相磁极齿超前（或滞后）转子齿 2/3 齿距角。

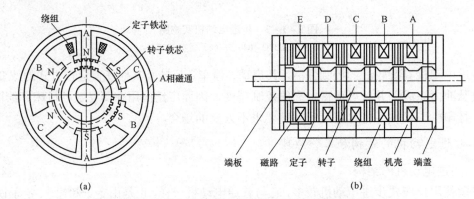

图 2-1-4 径向分相反应式步进电动机的结构原理图

（a）单定子、径向分相；（b）五定子、径向分相

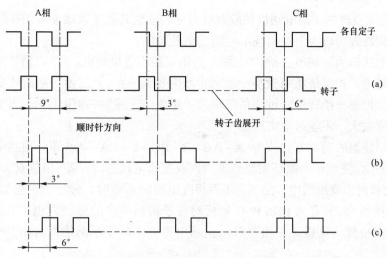

图 2-1-5   步进电动机的齿距

2）步进电动机的原理

下面以一台最简单的三相反应式步进电动机为例，介绍步进电动机的工作原理。图 2-1-6 所示为一台三相反应式步进电动机的原理图。定子铁芯为凸极式，共有三对（六个）磁极，每两个空间相对的磁极上绕有一相控制绕组。转子用软磁性材料制成，也是凸极结构，只有四个齿，齿宽等于定子的极宽。

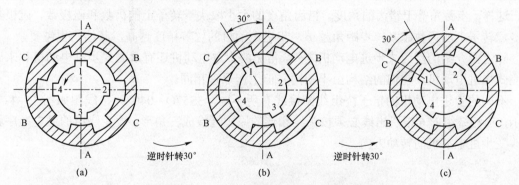

图 2-1-6   三相反应式步进电动机的原理图
(a) A 相通电；(b) B 相通电；(c) C 相通电

当 A 相控制绕组通电，其余两相均不通电，电动机内建立以定子 A 相极为轴线的磁场，定子被磁化后吸引转子转动，使转子的齿与该相定子磁极上的齿对齐，实际上就是电磁铁的作用原理。由于磁通具有力图走磁阻最小路径的特点，使转子齿 1、3 的轴线与定子 A 相极轴线对齐。如图 2-1-6（a）所示，定子 A 齿和转子的 1 齿对齐，定子磁极和转子磁极相吸引，因此转子没有切向力，转子静止。若 A 相控制绕组断电、B 相控制绕组通电时，转子在反应转矩的作用下，逆时针转过 30°，使转子齿 2、4 的轴线与定子 B 相极轴线对齐，即转子走了一步，如图 2-1-6（b）所示。若再断开 B 相，使 C 相控制绕组通电，转子逆时针方向又转过 30°，使转子齿 1、3 的轴线与定子 C 相极轴线对齐，如图 2-1-6（c）所示。如此按 A-B-C-A 的顺序轮流通电，转子就会一步步地也按逆时针方向转动。若按

A−C−B−A 的顺序通电，则电动机按顺时针方向转动。其转速取决于各相控制绕组通电与断电的频率，旋转方向取决于控制绕组轮流通电的顺序。

上述通电方式称为三相单三拍。"三相"是指三相步进电动机；"单三拍"是指每次只有一相控制绕组通电，控制绕组每改变一次通电状态称为一拍，"三拍"是指改变三次通电状态为一个循环。把每一拍转子转过的角度称为步距角，三相单三拍运行时，步距角为30°。显然，这个角度太大，不能付诸实用。

如果把控制绕组的通电方式改为 A−AB−B−BC−C−CA−A，即一相通电接着二相间隔地轮流进行通电，完成一个循环需要经过六次改变通电状态，称为三相单双六拍通电方式。"双"是指每次有两相绕组通电，当A、B两相绕组同时通电时，转子齿的位置应同时考虑到两对定子极的作用，只有A相极和B相极对转子齿所产生的磁拉力相平衡的中间位置，才是转子的平衡位置。这样，三相单双六拍通电方式下转子平衡位置增加了一倍，步距角为15°。

这样，三相反应式步进电动机的通电方式有三相单三拍、三相双三拍、三相单双六拍。

进一步减小步距角的措施是采用定子磁极带有小齿、转子齿数很多的结构。分析表明，这样结构的步进电动机，其步距角可以很小。一般来说，步进电动机产品都采用这种方法实现步距角的细分。实践中定子的齿数在40个及以上，而转子的齿数在50个及以上，定子和转子的齿数不相等，产生了错齿，错齿造成磁力线扭曲。由于定子的励磁磁通沿磁阻最小路径通过，因此对转子产生电磁吸力，迫使转子齿转动。错齿是促使步进电动机旋转的根本原因。这样，步距角等于错齿的角度。错齿角度的大小取决于转子上的齿数和磁极数，磁极数越多，转子上的齿数越多，步距角越小，步进电动机的位置精度越高，其结构也越复杂。

除上面介绍的反应式步进电动机之外，常见的步进电动机还有永磁式步进电动机和永磁反应式步进电动机，它们的结构虽不相同，但工作原理相同。

不同的步进电动机的定子绕组线圈接线有所不同，3S57Q−04079 接线图如图 2−1−7 所示，三相绕组的 6 根引出线必须按头尾相连的原则连接成三角形。改变绕组的通电顺序就能改变步进电动机的转动方向。

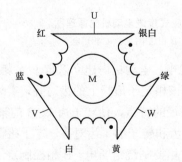

线色	电动机信号
红色	U
橙色	
蓝色	V
白色	
黄色	W
绿色	

图 2−1−7　3S57Q−04079 接线图

3. 步进电动机的参数

1) 步距角

它表示控制系统每发送一个步进脉冲信号，电动机所转动的角度。

$$\alpha = \frac{360°}{mzk}$$

式中，m 相 m 拍时，$k=1$；m 相 $2m$ 拍时，$k=2$；m 为相数，z 为转子齿数。

示例 1：若二相步进电动机转子的齿数是 100，则其单拍运行时，双拍运行时的步距角是多少？

解：单拍运行时

$$\alpha = \frac{360°}{mkz} = \frac{360°}{100\times1\times2} = 1.8°$$

双拍运行时

$$\alpha = \frac{360°}{mkz} = \frac{360°}{100\times2\times2} = 0.9°$$

示例 2：某控制进给系统采用步科的 3S57Q－04079 步进电动机拖动，步距角 $\alpha=1.2°$。设脉冲当量 $\delta_p = 0.005$ mm，要求走刀距离为 $L=20$ cm。求需要多少个脉冲？步进电动机转多少圈？

解：需要的脉冲数为

$$L/\delta_p = (20\times10)/0.005 = 40\ 000（个）$$

即要走$(40\ 000\times1.2)/360\approx133.3$（圈）才能走完这段距离。

2）相数

步进电动机的相数是指电动机内部的线圈组数，或者说产生不同对极 N、S 磁场的励磁线圈对数。

3）拍数

完成一个磁场周期性变化所需脉冲数或导电状态，用 n 表示，或指电动机转过一个齿距角所需脉冲数。以四相电动机为例，有四相四拍运行方式，即 AB—BC—CD—DA—AB。

4）保持转矩

保持转矩是指步进电动机通电但没有转动时，定子锁住转子的转矩。比如，常说 2 N·m 的步进电动机，在没有特殊说明的情况下是指保持转矩为 2 N·m。

5）箝制转矩

箝制转矩是指步进电动机没有通电的情况下，定子锁住转子的转矩。由于反应式步进电动机的转子不是永磁材料，所以它没有箝制转矩。

6）失步

电动机运转时的步数不等于理论上的步数，称为失步。速度过高、过低或者负载过大都会产生失步，失步会产生刺耳的啸叫声。

4. 步进电动机的特点

（1）一般步进电动机的精度为步进角的 3%～5%，且不累积。

（2）步进电动机外表允许的最高温度取决于不同电动机磁性材料的退磁点。一般来讲，磁性材料的退磁点都在 130 ℃以上，有的甚至高达 200 ℃以上，所以步进电动机外表温度在 80～90 ℃完全正常。

（3）步进电动机低速时可以正常运转，但若高于一定速度就无法启动，并伴有啸叫声。

（4）低频振动特性。步进电动机以连续的步距状态边移动边重复运转。其步距状态的移动会产 1 步距响应。电动机驱动电压越高电动机电流越大，负载越轻，电动机体积越小；反之亦然。

（5）步进电动机的力矩会随转速的升高而下降。

（6）改变步进电动机定子绕组的通电顺序，转子的旋转方向随之改变。

2.1.2　步进驱动器

步进电动机不能直接接到工频交流或直流电源上，而必须使用专用的步进电动机驱动器，它由脉冲发生控制单元、功率驱动单元、保护单元等组成。驱动单元与步进电动机直接耦合，也可理解为步进电动机微机控制器的功率接口。驱动器和步进电动机是一个有机的整体，步进电动机的运行性能是电动机及其驱动器二者配合所反映的综合效果。步进电动机控制系统如图 2-1-8 所示。控制器（常用 PLC）发出脉冲信号和方向信号，步进驱动器接收这些信号，先进行环形分配和细分，然后进行功率放大，变成安培级的脉冲信号发送到步进电动机，从而控制步进电动机的速度和位移。

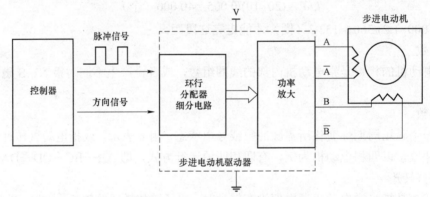

图 2-1-8　步进电动机控制系统

步进驱动器实物如图 2-1-9 所示。

图 2-1-9　步进驱动器实物

步进驱动器的电路由五部分组成，分别是脉冲混合电路、加减脉冲分配电路、加减速电路、环形分配器和功率放大器，如图 2-1-10 所示。步进驱动器最重要的功能是环形分配和功率放大。

图 2-1-10　步进驱动器组成结构示意图

1. 脉冲分配器

脉冲分配器完成步进电动机绕组中电流的通断顺序控制，即控制插补输出脉冲，按步进电动机所要求的通断电顺序规律地分配给步进电动机驱动电路的各相输入端。例如，三相单三拍驱动方式，供给脉冲的顺序为 A-B-C-A 或 A-C-B-A。脉冲分配器的输出既是周期性的，又是可逆性的（完成反转），因此也称为环形脉冲分配。

脉冲分配有两种方式，一种是硬件脉冲分配；另一种是软件脉冲分配，通过计算机编程控制。

硬件脉冲分配器由逻辑门电路和触发器构成，提供符合步进电动机控制指令所需的顺序脉冲。目前，已经有很多可靠性高、尺寸小、使用方便的集成电路脉冲分配器供选择，按其电路结构不同，可分为 TTL 集成电路和 CMOS 集成电路。

2. 功率放大驱动电路

功率放大驱动电路完成由弱电到强电信号的转换和放大，也就是将逻辑电平信号变换成电动机绕组所需的具有一定功率的电流脉冲信号。

一般情况下，步进电动机对驱动电路的要求主要有：能提供足够幅值、前后沿较好的励磁电流；功耗小，变换效率高；能长时间稳定可靠运行；成本低且易于维护。

3. 步进驱动器设置与接线

1）步进驱动器设置

本次任务选用的 Kino（步科）三相步进电动机，型号为 3S57Q-04079，部分技术参数如表 2-1-1 所示。

表 2-1-1　3S57Q-04079 步进电动机部分技术参数

参数名称	参数值	参数名称	参数值
型号	3S57Q-04079	引线数量	6
步距角	1.2°×(1±5%)	绝缘等级	B
相电流/A	5.8	耐压等级	500 V AC/min
保持扭矩/（N·m）	1.5	最大轴向负载/N	15
阻尼扭矩/（N·m）	0.07	最大径向负载/N	75
相电阻/Ω	1.05×(1±10%)	工作环境温度/℃	-20～+50
相电感/mH	2.4×(1±20%)	表面温升	最高 80 ℃（相线圈接通额定相电流）
电动机惯量/（kg·cm²）	0.48	绝缘阻抗	最小 100 MΩ，500 V DC
电动机长度 L/mm	79	质量/kg	1

它的步距角是在整步方式下为 1.2°，半步方式下为 0.6°。

采用细分驱动技术可以大大提高步进电动机的步矩分辨率，减小转矩波动，避免低频共振及降低运行噪声。

例如，步进电动机的步距角为 1.8°，那么当细分为 2 时，步进电动机收到一个脉冲，只转动 1.8°/2＝0.9°，即在无细分的条件下要 360/1.8＝200（个）脉冲电动机转一圈，在细分为 2 的条件下要 360/0.9＝400（个）脉冲电动机才转一圈。通过驱动器设置细分精度最高可以达到 10 000 个脉冲电动机转圈。

驱动器的侧面连接端子中间一般都有一个红色的 8 位 DIP 功能设定开关，可以用来设定驱动器的工作方式和工作参数，包括细分设置、静态电流设置和运行电流设置。图 2-1-11 所示为步科 3M458 驱动器 DIP 开关功能规划说明，表 2-1-2 和表 2-1-3 分别所示为细分设置表和输出电流设置表。

开关序号	ON 功能	OFF 功能
DIP1～DIP3	细分设置用	细分设置用
DIP4	静态电流全流	静态电流半流
DIP5～DIP8	电流设置用	电流设置用

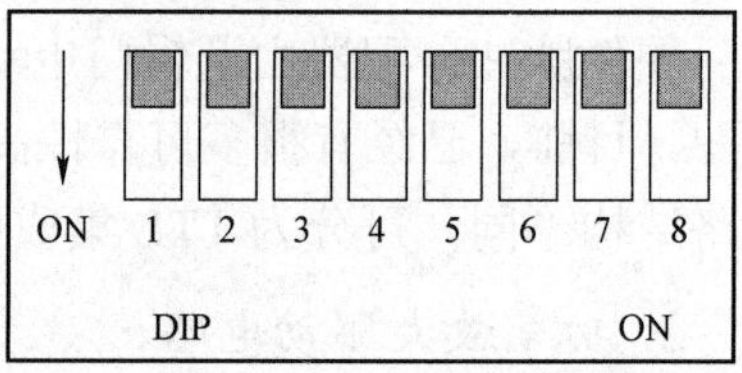

图 2-1-11　步科 3M458 驱动器 DIP 开关功能规划说明

表 2-1-2　细分设置表

DIP1	DIP2	DIP3	细分结果
ON	ON	ON	400 步/r
ON	ON	OFF	500 步/r
ON	OFF	ON	600 步/r
ON	OFF	OFF	1 000 步/r
OFF	ON	ON	2 000 步/r
OFF	ON	OFF	4 000 步/r
OFF	OFF	ON	5 000 步/r
OFF	OFF	OFF	10 000 步/r

表 2-1-3　输出电流设置表

DIP5	DIP6	DIP7	DIP8	输出电流/A
OFF	OFF	OFF	OFF	3.0
OFF	OFF	OFF	ON	4.0
OFF	OFF	ON	ON	4.6
OFF	ON	ON	ON	5.2
ON	ON	ON	ON	5.8

2）步进驱动器连接

3M458 驱动器的典型接线图如图 2-1-12 所示，控制信号输入端使用的是 DC 24 V 电压，所使用的限流电阻 $R_1 = 2\ \text{k}\Omega$。

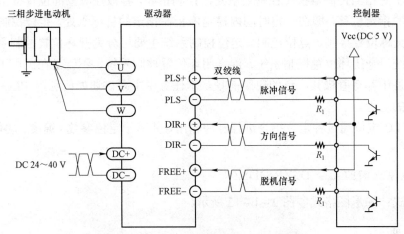

图 2-1-12　3M458 驱动器的典型接线图

驱动器还有一对脱机信号输入线 FREE+ 和 FREE−，当这一信号为 ON 时，驱动器将断开输入到步进电动机的电源回路。可以将一些极限位置的信号接入驱动器，作为一种安全保护措施。

2.1.3　步进电动机和驱动器的选型

1. 步进电动机的选型

步进电动机的选择，机械方面应考虑与拖动设备的安装方式和安装尺寸相配合。电气方面主要包含三方面的内容。

（1）步进电动机最大速度选择。

步进电动机最大速度一般为 600～1 200 r/m。

（2）步进电动机定位精度的选择。

机械传动比确定后，可根据控制系统的定位精度选择步进电动机的步距角及驱动器的细分等级。一般选择电动机的一个步距角对应于系统定位精度的 1/2 或更小。

（3）步进电动机力矩选择。

步进电动机的动态力矩一下子很难确定，往往先确定电动机的静力矩。静力矩选择的依据是电动机工作的负载，而负载可分为惯性负载和摩擦负载两种。直接启动（一般为低速）时，两种负载均要考虑；加速启动时，主要考虑惯性负载；恒速运行时，只考虑摩擦负载。

2. 步进驱动器的选型

选好步进电动机后，查阅手册选用配套的驱动器。驱动器选择时，应考虑输入采用漏型还是源型与上位机控制器（如 PLC）的配合方便，是否需要光耦作为电平转换；输入电压的高低，是否需要串接电阻；驱动器细分能否满足步进电动机的定位精度要求；驱动器输出电流设置能否满足步进电动机的转矩要求。

2.1.4 定位控制

定位控制是指当控制器按照控制要求发出控制指令，将被控对象的位置按指定速度完成指定方向上的指定位移，即在一定时间内稳定停止在预定的目标点处。定位控制是运动量控制的一种，又称位置控制、点位控制。定位控制系统主要可分为开环位置控制系统、半闭环位置控制系统、全闭环位置控制系统、混合闭环位置控制系统。不管是在民用工业，还是在国民经济建设中都有着极其广泛的应用前景。本任务中主要讲述如何利用 PLC 发脉冲控制步进电动机的运行。

FX5U PLC 定位通过各定位指令进行脉冲输出，并基于定位参数（速度、动作标志位等）进行动作。

1. 机械原点回归指令 DSZR/DDSZR

（1）格式：梯形图格式如图 2-1-13 所示。

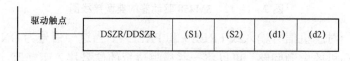

图 2-1-13　DSZR/DDSZR 指令梯形图格式

（2）各参数含义及范围。

（S1）：原点回归速度或存储了数据的字软元件编号。

（S2）：爬行速度或存储了数据的字软元件编号。

（d1）：输出脉冲的轴编号，取值范围为 K1～K4（只针对 CPU 模块）。

（d2）：指令执行结束、异常结束标志位的位软元件编号。

（3）指令功能：通过 DSZR/DDSZR 指令，向原点回归方向中设定的方向开始原点回归，主要经过以下动作过程实现，如图 2-1-14 所示。

① 如果驱动触点置为 ON，则输出脉冲，并开始从偏置速度进行加速的动作。

② 到达原点回归速度后，以原点回归速度进行动作。

③ 检测出近点 DOG 后，进行减速动作。

④ 达到爬行速度后，以爬行速度进行动作。

⑤ 近点 DOG ON→OFF 后，检测出零点信号后，将停止脉冲输出。

（4）原点回归方向：脉冲的输出方向由原点回归方向和旋转方向设定决定。可以用 SM5772（第一轴）或与轴对应的特殊寄存器来进行设置，旋转方向 SM5772＝0 即设定置为 OFF 时，当前地址在正转脉冲输出时增加，在反转脉冲输出时减少；旋转方向 SM5772＝1 即设定置为 ON 时，当前地址在反转脉冲输出时增加，在正转脉冲输出时减少。

（5）指令执行结束标志位：这个指令执行结束标志位与 FX3U（SM8029）不一样，可以自行设定，比如 M400。

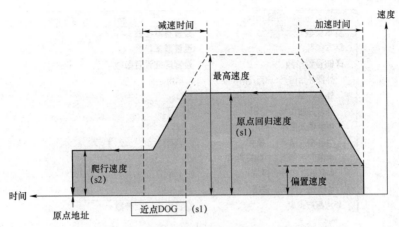

图 2-1-14 **DSZR/DDSZR** 指令执行过程示意图

注意:

① 这个指令有些参数如脉冲输出模式、输出软元件等要在 GX Works3 软件的高速 I/O 参数设置里面设置,如图 2-1-15 所示。每个具体项目设置以及其他参数请参考相关手册说明。

项目	轴1
□ **基本参数1**	**设置基本参数1。**
脉冲输出模式	1:PULSE/SIGN
输出软元件(PULSE/CW)	Y0
输出软元件(SIGN/CCW)	Y1
旋转方向设置	0:通过正转脉冲输出增加当前地址
单位设置	0:电机系统(pulse, pps)
每转的脉冲数	2000 pulse
每转的移动量	1000 pulse
位置数据倍率	1:×1倍
⊞ **基本参数2**	**设置基本参数2。**
⊞ **详细设置参数**	**设置详细设置参数。**
⊞ *原点回归参数*	设置原点回归参数。

(a)

项目	轴1
⊞ **基本参数1**	**设置基本参数1。**
□ **基本参数2**	**设置基本参数2。**
插补速度指定方法	1:基准轴速度
最高速度	100000 pps
偏置速度	100 pps
加速时间	100 ms
减速时间	100 ms
⊞ **详细设置参数**	**设置详细设置参数。**
⊞ *原点回归参数*	设置原点回归参数。

(b)

图 2-1-15 原点回归参数设定

(a) 设置基本参数 1;(b) 设置基本参数 2

项目	轴1
⊞ 基本参数1	设置基本参数1。
⊞ 基本参数2	设置基本参数2。
⊟ 详细设置参数	设置详细设置参数。
外部开始信号　启用/禁用	0:禁用
外部开始信号　软元件号	X0
外部开始信号　逻辑	0:正逻辑
中断输入信号1　启用/禁用	0:禁用
中断输入信号1　模式	0:高速模式
中断输入信号1　软元件号	X0
中断输入信号1　逻辑	0:正逻辑
中断输入信号2　逻辑	0:正逻辑
⊞ *原点回归参数*	设置原点回归参数。

（c）

项目	轴1
⊞ 基本参数1	设置基本参数1。
⊞ 基本参数2	设置基本参数2。
⊞ 详细设置参数	设置详细设置参数。
⊟ *原点回归参数*	设置原点回归参数。
原点回归　启用/禁用	1:启用
原点回归方向	1:正方向（地址增加方向）
原点地址	0 pulse
清除信号输出　启用/禁用	1:启用
清除信号输出　软元件号	Y17
原点回归停留时间	1 ms
近点DOG信号　软元件号	X0
近点DOG信号　逻辑	0:正逻辑
零点信号　软元件号	X0
零点信号　逻辑	0:正逻辑
零点信号　原点回归零点信号数	2
零点信号　计数开始时间	0:近点DOG后端

（d）

图 2-1-15　原点回归参数设定（续）

（c）设置详细设置参数；（d）设置原点回参数

示例： 如图 2-1-16 所示，程序表示轴 1 以触摸屏设定的频率进行原点回归，爬行速度为 200，正常回归的标志位为 M400。

图 2-1-16　原点回归 DSZR/DDSZR 指令示例

2. 脉冲输出指令 PLSY/DPLSY

这个指令用于发生脉冲信号的指令。仅发生正转脉冲，增加当前地址的内容。不支持高速脉冲输入/输出模块。

（1）格式：梯形图格式如图 2-1-17 所示。

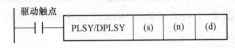

图 2-1-17　PLSY/DPLSY 指令梯形图格式

（2）各参数含义及范围。

（s）：指令速度或存储了数据的字软元件编号。

（n）：定位地址或存储了数据的字软元件编号。

（d）：输出脉冲的轴编号，取值范围为 K1～K4（只针对 CPU 模块）。

（3）功能：指令速度（s）中指定的脉冲串，从输出（d）输出定位地址（n）中指定的正转脉冲。主要经过以下动作过程来实现，如图 2-1-187 所示。

① 如果驱动触点置为 ON，则以指令速度输出脉冲。

② 到达定位地址后停止脉冲输出。

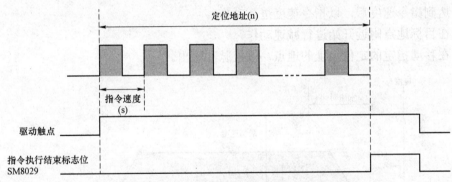

图 2-1-18　PLSY/DPLSY 指令执行过程示意图

（4）方向处理：使用 PLSY/DPLSY 指令时，由于没有方向，因此旋转方向设定无效，始终为当前地址增加。输出模式为 CW/CCW 模式时，始终从 CW 中设定的软元件中输出。使用反转极限时，将作为正转极限进行动作。

（5）定位地址：在指令驱动时，如果定位地址为 0，将无限制地输出脉冲。

指令执行结束标志位：SM8029。

示例：如图 2-1-19 所示，程序中第一行表示轴 1 以 1 000 的速度运行到定位地址为 200 的地方，第二行表示轴 2 以 1 000 的速度一直运转。

	M0				
	├┤├	PLSY	K1000	K200	K1
		PLSY	K1000	K0	K2

图 2-1-19　PLSY/DPLSY 指令示例

3. 相对定位指令 DRVI/DDRVI

（1）格式：其梯形图格式如图 2-1-20 所示。

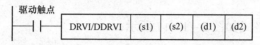

图 2-1-20 DRVI/DDRVI 指令梯形图格式

（2）各参数含义及范围。

（s1）：定位地址或存储了数据的字软元件编号。

（s2）：指令速度或存储了数据的字软元件编号。

（d1）：输出脉冲的轴编号，取值范围为 K1～K4（只针对 CPU 模块）。

（d2）：指令执行结束、异常结束标志位的位软元件编号。

（3）功能：指令通过增量方式（采用相对地址的位置指定），进行 1 速（1 速是指在定位运行过程中只有一种速度，因为在 FX5U 定位中还有 2 速定位，即在定位运行过程中有两种速度）定位。以当前停止的位置作为起点，指定移动方向和移动量（相对地址）进行定位动作。主要经过以下动作过程来实现，如图 2-1-21 所示。

① 如果驱动触点置为 ON，则输出脉冲，并开始从偏置速度进行加速的动作。

② 达到指令速度后，以指令速度进行动作。

③ 在目标地点附近开始进行减速动作。

④ 在移动指定的定位地址的地点，停止脉冲输出。

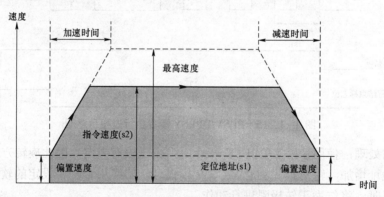

图 2-1-21 DRVI/DDRVI 指令执行过程示意图

（4）指令执行结束标志位：这个指令执行结束标志位与 FX3U（SM8029）不一样，可以自行设定，比如 M400。

注意：

这个指令有些参数如脉冲输出模式、输出软元件等要在 GX Works3 软件的高速 I/O 参数设置里面设置，如图 2-1-14 所示。

示例：如图 2-1-22 所示程序中，程序执行过程为，如果当前位置为 10，则当 X15 为 ON 时，从当前位置 10 先以设定的速度运行到（10+10 000＝10 010）的初始位置，然后再以增量的方式运行到（10+10 000＋100 000＝110 010）结束位置。

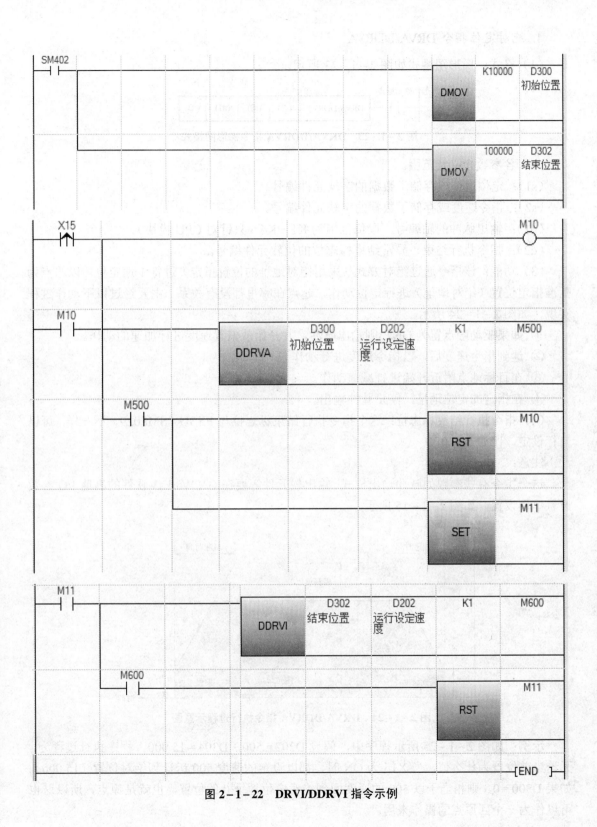

图 2-1-22　DRVI/DDRVI 指令示例

4. 绝对定位指令 DRVA/DDRVA

（1）格式：梯形图格式如图 2-1-23 所示。

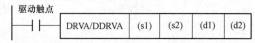

图 2-1-23　DRVA/DDRVA 指令梯形图格式

（2）各参数含义及范围。

（s1）：定位地址或存储了数据的字软元件编号。

（s2）：指令速度或存储了数据的字软元件编号。

（d1）：输出脉冲的轴编号，取值范围为 K1～K4（只针对 CPU 模块）。

（d2）：指令执行结束、异常结束标志位的位软元件编号。

（3）功能：该指令通过绝对方式（采用绝对地址的位置指定）进行 1 速定位。以原点为基准指定位置（绝对地址）进行定位动作，起点在哪里都没有关系。主要经过以下动作过程实现，如图 2-1-24 所示。

① 如果驱动触点置为 ON，则输出脉冲，并开始从偏置速度进行加速的动作。

② 达到指令速度后，以指令速度进行动作。

③ 在目标地点附近开始进行减速动作。

④ 在指定的定位地址，停止脉冲输出。

（4）指令执行结束标志位：这个指令执行结束标志位与 FX3U（SM8029）不一样，可以自行设定，比如 M400。

注意：

这个指令有些参数如脉冲输出模式、输出软元件等要在 GX Works3 软件的高速 I/O 参数设置里面设置，如图 2-1-15 所示。

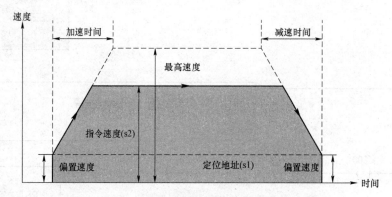

图 2-1-24　DRVA/DDRVA 指令执行过程示意图

示例：如图 2-1-25 所示程序中，假设 D202＝500，D304＝15 000，程序执行过程为，无论当前位置为什么值，当 X15 为 ON 时，都以设定的速度 500 运行到绝对位置（15 000）。如果 D300＝0，则相当于以 500 的速度回到绝对定位地址 0 的位置，也就是原点，所以这也可以作为一个回原点的操作来用。

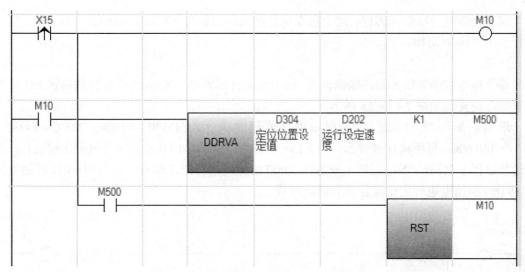

图 2-1-25　DRVA/DDRVA 指令示例

5. 可变速度运行指令 PLSV/DPLSV

（1）格式：梯形图格式如图 2-1-26 所示。

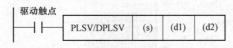

图 2-1-26　PLSV/DPLSV 指令梯形图格式

（2）各参数含义及范围。

（s）：指令速度或存储了数据的字软元件编号。

（d1）：输出脉冲的轴编号，取值范围为 K1～K4（只针对 CPU 模块）。

（d2）：指令执行结束、异常结束标志位的位软元件编号。

（3）功能：该指令在改变速度时，可以带加减速动作。该指令输出带旋转方向的可变速脉冲。主要经过以下动作过程实现，如图 2-1-27 所示。

① 如果驱动触点置为 ON，则输出脉冲，并开始从偏置速度进行加速的动作。

② 达到指令速度后，以指令速度进行动作。

③ 在动作中变更指令速度时，进行加减速动作，变速为指定的速度并进行动作。

④ 如果驱动触点置为 OFF，则进行减速动作，停止脉冲输出。

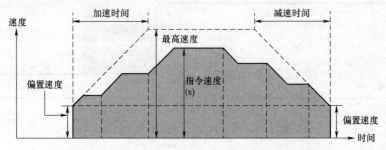

图 2-1-27　PLSV/DPLSV 指令执行过程示意图

（4）指令执行结束标志位：这个指令执行结束标志位与 FX3U（SM8029）不一样，可以自行设定，比如 M400。

注意：

这个指令有些参数如脉冲输出模式、输出软元件等要在 GX Works3 软件的高速 I/O 参数设置里面设置，如图 2-1-15 所示。

示例：如图 2-1-28 所示程序中，若程序执行前 D300＝10 000，D302＝7 000，D304＝150 000，程序执行过程为，当 X15＝ON 时，轴 1 以 10 000 的速度进行定位运行，如在运行过程中 X16＝ON，则轴 1 变为以 7 000 的速度进行定位运行；当 X17＝ON 时则变为以 15 000 的速度进行定位运行直到定位位置。

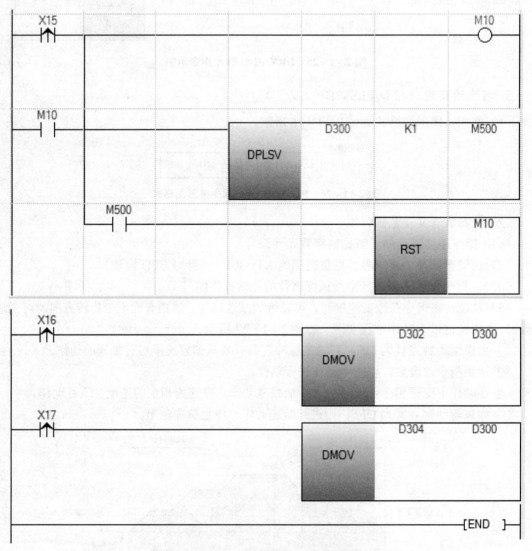

图 2-1-28　PLSV/DPLSV 指令示例

任务实施

根据本任务要求，结合学过的知识和技能，按照以下流程完成本项目任务。

（1）根据控制要求分析系统构成，画出控制系统原理图并完成硬件连接。

根据任务要求，经过工作过程分析我们得到本系统可以由 FX5U-32MT、步科 3S57Q-04079 型步进电动机、步科 3M458 步进驱动器、三菱 GS2107 触摸屏、按钮、位置传感器（行程开关）等组成的系统来完成。PLC I/O 地址分配如表 2-1-4 所示。

表 2-1-4　PLC　I/O 地址分配

输入		输出	
原点位置传感器 SQ1	X0	脉冲信号输出	Y0
原点回归按钮 SB1	X1	脉冲方向输出	Y1
启动按钮 SB2	X2		
停止按钮 SB0	X3		

根据 I/O 分配表，整个系统原理图如图 2-1-29 所示。根据工艺规范要求连接好硬件设备。

注意驱动模块如果接 24 V 电源时在 PLS＋和 DIR＋端要接入一个 2 kΩ 1/4 W 的电阻；如果是接 5 V 电源时则不需要接这个电阻。

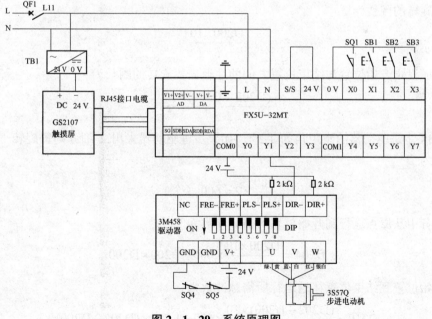

图 2-1-29　系统原理图

（2）触摸屏设计。

由于任务中要求根据需要设定运行的速度和位移，所以采用触摸屏来实现这些数据的设定输入，触摸屏的设计我们前面在情境一中已经简单学习过，本任务主要是关联一些数据。其操作方法和步骤参照情境一，设计出的触摸屏如图 2-1-30 所示。

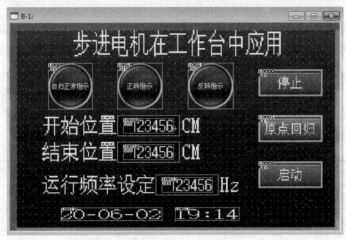

图 2-1-30　触摸屏画面

（3）PLC 程序设计。

根据控制要求先要计算完成行程位移值时所需要的脉冲数，设 D200、D202 里面存放的分别是运行开始和运行结束时的位置数据（单位为 cm），也就是滑台在这之间往返运行。D204存放从原点到开始位置需要的脉冲个数，D210 存放从开始位置到结束位置需要的脉冲个数，由于丝杠导程是 5 mm，也就是说旋转一圈的位移为 5 mm，则在本任务中从原点运行到开始位置需要旋转的圈数为

$$\frac{D200 \times 10}{5}$$

要完成设定开始位置与结束位置之间的往返需要旋转的圈数为

$$\frac{(D202 - D200) \times 10}{5}$$

3M458 步进驱动器的步距角为 1.2°，如果步进驱动器采用 2 细分则每旋转一圈需要的脉冲个数为

$$\frac{360}{1.2} \times 2 = 600 \ （个）$$

所以本任务中从原点运行到开始位置所需脉冲数为

$$D204 = \frac{D200 \times 10}{5} \times 600 = 1\ 200 \times D200$$

从开始位置到结束位置往返运行所需脉冲数为

$$D210 = \frac{(D202 - D200) \times 10}{5} \times 600 = 1\ 200 \times (D202 - D200)$$

最后设计出的程序如图 2-1-31 所示。

在这个程序中有些急停和保护等安全措施没有编写，在实际应用中要注意。

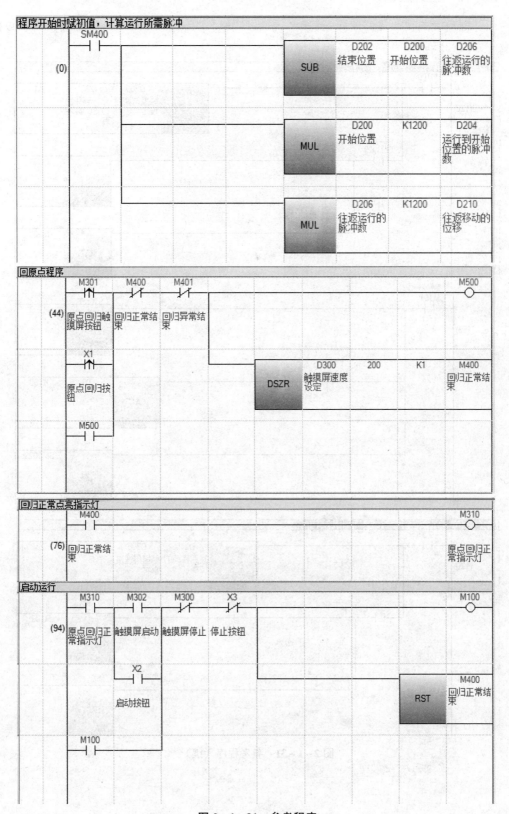

图 2 - 1 - 31　参考程序

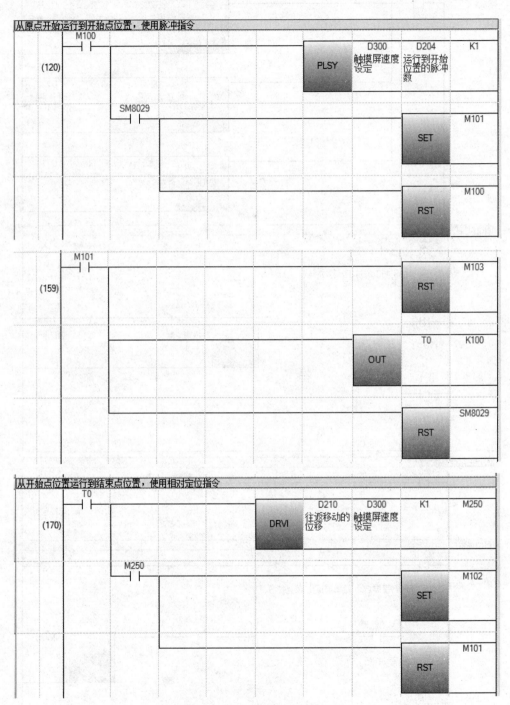

图 2−1−31 参考程序（续）

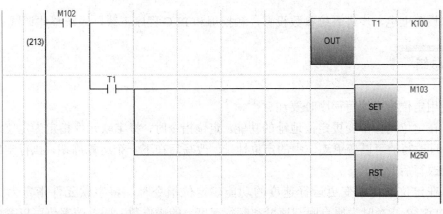

从结束点位置返回开始点位置，使用绝对定位指令

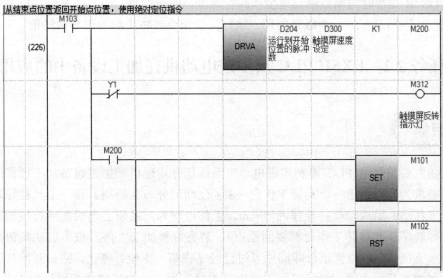

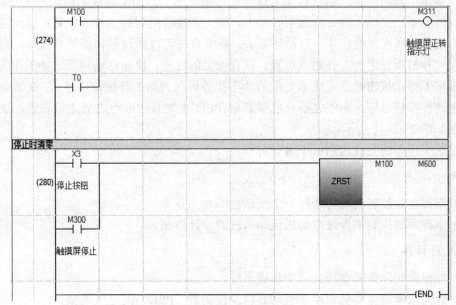

图 2-1-31　参考程序（续）

（4）设备上电，步进系统参数设置，触摸屏和 PLC 程序下载，系统整体调试。

任务总结

在使用定位指令编写程序时要注意：

（1）在定位动作中变更定位地址的功能。定位指令时，将字软元件指定为定位地址的操作数，通过改写值可以变更动作中的定位地址。改写后在下一个运算周期，执行定位指令时将更新为改写后的值。

（2）在定位动作中变更运行速度的功能。定位指令时，将字软元件指定为指令速度（DSZR/DDSZR 指令时为原点回归速度和爬行速度）的操作数，通过改写值可以变更动作中的运行速度。改写后在下一个运算周期，执行定位指令时将更新为改写后的值。

任务 2.2　FX5U PLC 及步进电动机在加工设备中的应用

任务目标

本任务主要是利用 PLC 控制步进电动机系统运行实现机械加工设备加工过程的控制。任务具体要求为：系统由一个旋转工作台（3 工位均匀分布在圆周）和一个丝杠导轨钻孔机构（可上下移动）组成，丝杠导程为 5 mm。工作过程为：系统上电后先通过按钮控制设备回原点（导轨钻头和旋转工作台都要回原点）；装夹好被加工工件，按下启动按钮，工作台旋转到第一工位（原点位置重合即回原点时已经是在第一工位）停止，钻头开始从原点位置快速移动到加工开始位置，然后以加工速度进行钻孔加工，加工完成后回到加工开始位置；工作台旋转到第二工位，钻头再次下降加工，加工完成后回到加工开始位置；以此循环加工完成 3 个工位的所有零件，并一直循环下去。整个系统可以通过触摸屏进行操作，根据加工零件的尺寸和材质设定加工开始点位置、钻孔加工的深度、快速移动速度、加工速度等。设备在正常按下停止按钮时需完成本工位的加工任务后回到加工开始点后停止；在紧急情况下可以实现硬件按钮急停，急停之后只能重新对 PLC 上电且回原点之后才可以继续加工。系统原理图如图 2-2-1 所示。

通过这个任务的完成达到以下教学目标。

1. 知识目标

（1）掌握定位控制的表格运行、中断运行等有关指令。
（2）掌握两轴控制的步进电动机运动系统的设计方法。

2. 技能目标

（1）能根据实际需要选择合适的步进系统。
（2）能完成步进电动机和步进驱动器以及控制器（PLC）的电气连接。
（3）会编写控制步进系统的 PLC 程序。

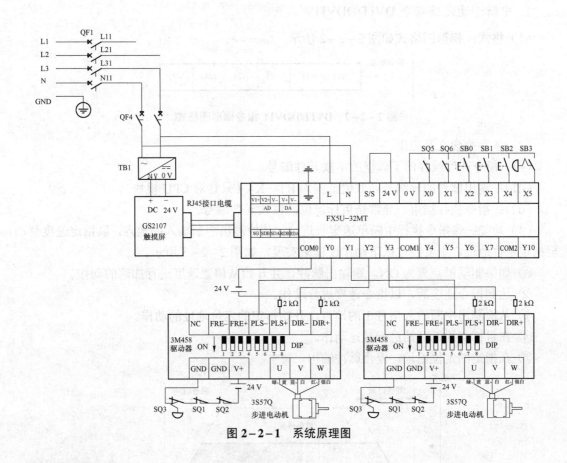

图 2-2-1　系统原理图

任务分析

本任务主要是在前面所学有关步进电动机知识的基础上，利用 PLC 来完成控制步进系统运行。这个任务主要学习中断、表格等多种指令在定位系统中的使用，通过教师的讲授，引导学生学会查阅有关资料来完成本任务。

知识准备

FX5U-32MT PLC 本体 CPU 模块具有高速的 I/O 输出端子，可以实现 4 个轴的定位控制，如果添加一些运动控制模块或高速脉冲输入/输出模块则最多可以控制 12 个轴。

FX5U PLC 定位通过各定位指令进行脉冲输出，并基于定位参数（速度、动作标志位等）进行动作。主要有原点回归控制和定位控制两大功能。在前面的项目任务中我们主要讲解了机械原点回归指令 DSZR/DDSZR、脉冲输出指令 PLSY/DPLSY、相对定位指令 DRVI/DDRVI、绝对定位指令 DRVA/DDRVA、可变速度运行指令 PLSV/DPLSV，本任务中主要讲解如何利用表格指令来实现多轴运行。

1. 中断 1 速定位指令 DVIT/DDVIT

（1）格式：梯形图格式如图 2-2-2 所示。

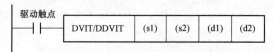

图 2-2-2　DVIT/DDVIT 指令梯形图格式

（2）各参数含义及范围。

（s）：指令速度或存储了数据的字软元件编号。

（d1）：输出脉冲的轴编号，取值范围为 K1～K4（只针对 CPU 模块）。

（d2）：指令执行结束、异常结束标志位的位软元件编号。

（3）功能：该指令执行中断单速定长进给。从检测出中断输入的地点，以指定速度移动至指定定位地址。主要经过以下动作过程来实现，如图 2-2-3 所示。

① 如果驱动触点置为 ON，则输出脉冲，并开始从偏置速度进行加速的动作。

② 达到指令速度后，以指令速度进行动作。

③ 从检测出中断输入信号 1 的地点，开始指定的定位地址的动作。

④ 在目标点附近开始进行减速动作。

⑤ 在指定的定位地址，停止脉冲输出。

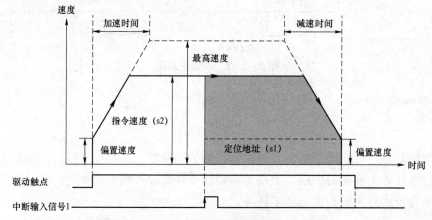

图 2-2-3　DVIT/DDVIT 指令动作示意图

检测出中断输入信号 1 后，从检测出中断输入信号 1 的地点开始，进行（s1）中指定的定位地址的脉冲输出，从可减速位置开始减速停止。中断信号要在 GX Works3 软件中进行设置，如图 2-2-4 所示。

（4）指令执行结束标志位：这个指令执行结束标志位与 FX3U（SM8029）不一样，可以自行设定，比如 M400。

（5）**示例**：如图 2-2-5 所示程序中，若 X0 为中断信号，程序执行过程为，当 X17=ON 时，轴 1 以 5 000 的速度进行定位运行，如在运行过程中，当检测到中断信号 X0=ON，则轴 1 在中断信号后面以 5 000 的速度还要运行的脉冲数为 10 000 才停止。特别注意在程序中并没有出现 X0，是因为在图 2-2-4 的参数设置中已经设置了 X0 为中断输入信号 1 并且已经启用。

图 2-2-4 中断设置

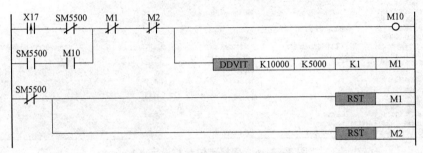

图 2-2-5 DVIT/DDVIT 指令示例

2. 表格的使用方式及步骤

1）表格运行控制方式

表格运行控制方式主要有以下几种：

1:1 速定位（相对地址指定）；

2:1 速定位（绝对地址指定）；

3：中断 1 速定位；

4：可变速度运行；

5：附带表格转移的可变速度运行；

6：中断停止（相对地址指定）；

7：中断停止（绝对地址指定）；

10：附带条件跳转；

20：插补运行（相对地址指定）；

22：插补运行（绝对地址指定）。

2）表格的使用主要步骤

（1）使用 GX Works3，从"高速 I/O"中设定定位参数。

选择导航窗口→参数→FX5UCPU→模块参数→高速 I/O→输出功能→定位→详细设置→基本设置，如图 2-2-6 所示。

（2）使用 GX Works3，从"高速 I/O"中设定表格数据。

选择导航窗口→参数→FX5UCPU→模块参数→高速 I/O→输出功能→定位→详细设置→基本设置→轴 1 定位数据~轴 4 定位数据，如图 2-2-7 所示。

项目		轴1	轴2	轴3	轴4
基本参数1		设置基本参数1。			
	脉冲输出模式	2:CW/CCW	1:PULSE/SIGN	0:不使用	1:PULSE/SIGN
	输出软元件(PULSE/CW)	Y0	Y4		Y8
	输出软元件(SIGN/CCW)	Y2	Y5		Y7
	旋转方向设置	0:通过正转脉冲输出增加当前地址	0:通过反转脉冲输出增加当前地址	0:通过正转脉冲输出增加当前地址	0:通过正转脉冲输出增加当前地址
	单位设置	0:电机系统(pulse, pps)	1:机械系统(um, cm/min)	0:电机系统(pulse, pps)	2:机械系统(0.0001inch, inch/min)
	每转的脉冲数	2000 pulse	3000 pulse	2000 pulse	2000 pulse
	每转的移动量	1000 pulse	2000 um	1000 pulse	1000 × 0.0001 inch
	位置数据倍率	1:×1倍	1:×1倍	1:×1倍	10:×10倍
基本参数2		设置基本参数2。			
	插补速度指定方法	1:基准轴速度	0:合成速度	0:合成速度	0:合成速度
	最高速度	120000 pps	200000 cm/min	100000 pps	150000 inch/min
	偏置速度	1500 pps	1800 cm/min	0 pps	1000 inch/min
	加速时间	1000 ms	1000 ms	100 ms	1000 ms
	减速时间	100 ms	100 ms	100 ms	100 ms
详细设置参数		设置详细设置参数。			
	外部开始信号 启用/禁用	1:启用	0:禁用	0:禁用	1:启用
	外部开始信号 软元件号	X0		X0	X6
	外部开始信号 逻辑	0:正逻辑	0:正逻辑	0:正逻辑	0:正逻辑
	中断输入信号1 启用/禁用	1:启用	0:禁用	0:禁用	1:启用
	中断输入信号1 模式	0:高速模式	0:高速模式	0:高速模式	1:标准模式
	中断输入信号1 软元件号	X0	X0	X0	X2
	中断输入信号2 逻辑	0:正逻辑	0:正逻辑	0:正逻辑	0:正逻辑
	中断输入信号2 逻辑	0:正逻辑	0:正逻辑	0:正逻辑	1:负逻辑
原点回归参数		设置原点回归参数。			
	原点回归 启用/禁用	1:启用	1:启用	0:禁用	1:启用
	原点回归方向	1:正方向(地址增加方向)	0:负方向(地址减少方向)	0:负方向(地址减少方向)	0:负方向(地址减少方向)
	原点地址	100 pulse	-10000 um	0 pulse	0 × 0.001 inch
	清除信号输出 启用/禁用	1:启用	1:启用	1:启用	1:启用
	清除信号输出 软元件号	Y10	Y11	Y0	Y0
	原点回归停留时间	0 ms	100 ms	0 ms	0 ms
	近点DOG信号 软元件号	X7	X10	X0	X0
	近点DOG信号 逻辑	0:正逻辑	1:负逻辑	0:正逻辑	0:正逻辑
	零点信号 软元件号	X4	X5	X0	X0
	零点信号 逻辑	0:正逻辑	1:负逻辑	0:正逻辑	0:正逻辑
	零点信号 原点回归零点信号数	1	1		1
	零点信号 计数开始时间	0:近点DOG后端	1:近点DOG前端		0:近点DOG后端

图 2-2-6　表格定位参数设定（1）

表格数据	使用软元件		（轴1~轴4通用）
	不使用初始化禁用SM		（可通过SM将表格数据的初始化 设置为禁用）

NO.	软元件	控制方式	插补对象轴	定位地址	指令速度	停留时间	中断次数	中断输入信号2 软元件号	跳转目标表格号	跳转条件用M号
1	D100	4:可变速度运行	轴2指定	0 pulse	10000 pps	0 ms	1次	X0	1	0
2	D106	1:1速定位(相对地址指定)	轴2指定	100000 pulse	30000 pps①	0 ms	1次	X0	1	0
3	D112	1:1速定位(相对地址指定)	轴2指定	-10000 pulse	2000 pps	0 ms	1次	X0	1	0
4	D118	1:1速定位(相对地址指定)	轴2指定	20000 pulse	140000 pps	0 ms	1次	X0	1	0
5	D124	0:无定位	轴2指定	0 pulse	1 pps	0 ms	1次	X0	1	0
6	D130	0:无定位	轴2指定	0 pulse	1 pps	0 ms	1次	X0	1	0
7	D136	0:无定位	轴2指定	0 pulse	1 pps	0 ms	1次	X0	1	0
8	D142	0:无定位	轴2指定	0 pulse	1 pps	0 ms	1次	X0	1	0
9	D148	3:中断1速定位	轴2指定	30000 pulse	100000 pps	10 ms	20次	X0	1	0
10	D154	3:中断1速定位	轴2指定	2000 pulse	20000 pps	10 ms	10次	X0	1	0
11	D160	0:无定位	轴2指定	0 pulse	1 pps	0 ms	1次	X0	1	0
12	D166	0:无定位	轴2指定	0 pulse	1 pps	0 ms	1次	X0	1	0
13	D172	4:可变速度运行	轴2指定	0 pulse	10000 pps	0 ms	1次	X0	1	0
14	D178	4:可变速度运行	轴2指定	0 pulse	20000 pps	0 ms	1次	X0	1	0
15	D184	4:可变速度运行	轴2指定	0 pulse	10000 pps	0 ms	1次	X0	1	0
16	D190	0:无定位	轴2指定	0 pulse	1 pps	0 ms	1次	X0	1	0
17	D196	10:附带条件的跳转	轴2指定	0 pulse	1 pps	0 ms	1次	X0	2	100
18	D202	0:无定位	轴2指定	0 pulse	1 pps	0 ms	1次	X0	0	0①

图 2-2-7　表格定位参数设定（2）

注意：选择不同的控制方式时可设置的数据是有所区别的。选择"使用软元件"后，可以在表格 No.1 的"软元件"项目中指定数据寄存器或文件寄存器。指定的软元件作为起始软元件，表格 No.1 需要 6 个软元件。每个表格的 6 个软元件功能（以 D100 为起始软元件为例）分别如下：

操作数 1：定位地址，占用从起始软元件开始的 +0、+1 两个单元，即 D100、D101。

操作数 2：指令速度，占用从起始软元件开始的 +2、+3 两个单元，即 D102、D103。

操作数 3：停留时间（或跳转目标表格号），占用从起始软元件开始的 +4 一个单元，即

---

① pps 为脉冲每秒，非国际标准单位。本书所有 pps 均为此单位。

D104。

操作数 4：中断次数（或中断输入信号 2 软元件号或跳转条件用 M 号或插补对象轴），占用从起始软元件开始的 +5 一个单元，即 D105。

（3）对表格运行指令进行编程。表格的运行指令主要有单独表格运行 TBL、多个表格运行指令 DRVTBL、多个轴的表格运行指令 DRVMUL 三种。

3. 单独表格运行 TBL

（1）格式：梯形图格式如图 2-2-8 所示。

（2）各参数含义及范围。

（d）：输出脉冲的轴编号，取值范围为 K1～K4（只针对 CPU 模块）。

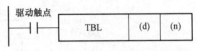

图 2-2-8　TBL 指令梯形图格式

（n）：执行的表格编号。

（3）功能：使用 GX Works3 设定的表格数据，执行指定的 1 个表格。

（4）**示例**：图 2-2-9～图 2-2-12 所示为执行控制方式"6：中断停止（相对地址指定）"的整个程序建立和执行过程。图 2-2-9 所示为定位参数设置。

项目	轴 1
■基本参数 1	
脉冲输出模式	1: PULSE/SIGN
输出软元件（PULSE/CW）	Y0
输出软元件（SIGN/CCW）	Y4
旋转方向设置	0: 通过正转脉冲输出增加当前地址
单位设置	0: 电机系统（pulse, pps）
每转的脉冲数	2 000 pulse
每转的移动量	1 000 pulse
位置数据倍率	1: ×1 倍
■基本参数 2	
插补速度指定方法	0: 合成速度
最高速度	15 000 pps
偏置速度	1 000 pps
加速时间	500 ms
减速时间	500 ms
■详细设定参数	
外部开始信号启用/禁用	0: 禁用
中断输入信号 1 启用/禁用	1: 启用
中断输入信号 1 模式	1: 标准模式
中断输入信号 1 软元件号	X1
中断输入信号 1 逻辑	0: 正逻辑
中断输入信号 2 逻辑	0: 正逻辑
■原点回归参数参数	
原点回归 启用/禁用	0: 禁用

图 2-2-9　定位参数设置

图 2-2-10 所示为轴 1 定位数据设置。

NO.	软元件	控制方式	定位地址	指令速度	停留时间
1	D300	6：中断停止（相对地址指定）	100 000 pulse	10 000 pps	100 ms

图 2-2-10 轴 1 定位数据设置

图 2-2-11 所示为执行控制方式 "6:中断停止（相对地址指定）" 的执行过程示意图。

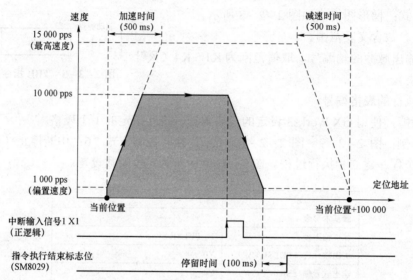

图 2-2-11 执行控制方式的执行过程示意图

图 2-2-12 所示为执行控制方式 "6：中断停止（相对地址指定）" 的程序。

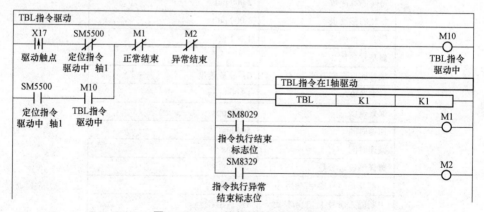

图 2-2-12 执行控制方式的程序

通过这个示例我们可以看出使用表格运行时主要是建立运行表格数据（定位参数以及各定位轴的数据）的设置。

4. 多个表格运行指令 DRVTBL

（1）格式：梯形图格式如图 2-2-13 所示。

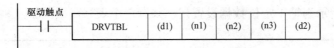

图 2-2-13　DRVTBL 指令梯形图格式

（2）各参数含义及范围。

（d1）：输出脉冲的轴编号，取值范围为 K1~K4（只针对 CPU 模块）。

（n1）：指定由（d1）指定的轴执行的起始表格编号。

（n2）：指定由（d1）指定的轴执行的最终表格编号。

（n3）：在（n3）中指定表格的运行方法。K0：步进运行；K1：连续运行。如果（n3）为 K0：步进运行，在 1 个表格结束时如果检测出有表格转移指令，则切换至下一个表格，此外，也可以通过外部开始信号切换表格。

（d2）：指定指令执行结束、异常结束标志位的位软元件。

（3）功能：用使用 GX Works3 设定的表格数据，通过 1 个指令连续运行或步进运行多个表格。

（4）**示例：** 图 2-2-14~图 2-2-17 所示为执行轴 1 中从表格 No.2 开始依次按控制方式 "5：附带表格转移的可变速度运行" "3：中断 1 速定位" 执行连续运行（中断 2 速定位）的整个程序建立和执行过程。图 2-2-14 所示为定位参数设置。

项目	轴 1
■基本参数 1	
脉冲输出模式	1：PULSE/SIGN
输出软元件（PULSE/CW）	Y0
输出软元件（SIGN/CCW）	Y4
旋转方向设置	0：通过正转脉冲输出增加当前地址
单位设置	0：电机系统（pulse，pps）
每转的脉冲数	2 000 pulse
每转的移动量	1 000 pulse
位置数据倍率	1：×1 倍
■基本参数 2	
插补速度指定方法	0：合成速度
最高速度	15 000 pps
偏置速度	1 000 pps
加速时间	500 ms
减速时间	500 ms
■详细设定参数	
外部开始信号启用/禁用	0：禁用
中断输入信号 1 启用/禁用	1：启用
中断输入信号 1 模式	1：标准模式
中断输入信号 1 软元件号	X1
中断输入信号 1 逻辑	0：正逻辑
中断输入信号 2 逻辑	0：正逻辑
■原点回归参数参数	
原点回归 启用/禁用	0：禁用

图 2-2-14　定位参数设置

图 2-2-15 所示为轴 1 定位数据设置，一共有 3 个表格，采用了三种不同的控制方式。

NO.	软元件	控制方式	定位地址	指令速度	停留时间	中断输入信号 2 软元件号
1	—	1：1 速定位（相对地址指定）	100 000 pulse	10 000 pps	0 ms	—
2	—	5：附带表格转移的可变速度运行	—	7 000 pps	0 ms	X2
3	—	3：中断 1 速定位	50 000 pulse	15 000 pps	0 ms	—

图 2-2-15 轴 1 定位数据设置

图 2-2-16 所示为依次按控制方式"5：附带表格转移的可变速度运行""3：中断 1 速定位"执行连续运行（中断 2 速定位）的整执行过程示意图。

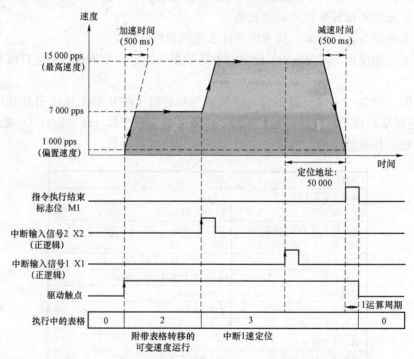

图 2-2-16 依次按控制方式执行连续运行的整执行过程示意图

如图 2-2-17 所示为执行的程序。

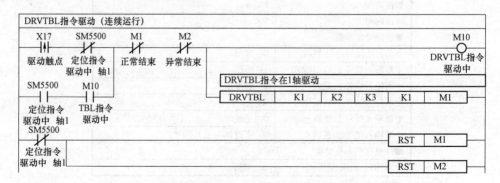

图 2-2-17 依次按控制方式执行连续运行的整执行过程

5. 多个轴的表格运行指令 DRVMUL

（1）格式：梯形图格式如图 2-2-18 所示。

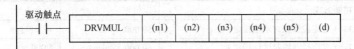

图 2-2-18　DRVMUL 多轴表格指令梯形图格式

（2）各参数含义及范围。

（n1）：指定输出脉冲的起始轴编号，K1：轴 1（同时执行轴 1～轴 4，只针对 CPU 模块）。

（n2）：指定由（n1）的轴执行的起始表格编号。

（n3）：指定由（n1）+1 的轴执行的起始表格编号。

（n4）：指定由（n1）+2 的轴执行的起始表格编号。

（n5）：指定由（n1）+3 的轴执行的起始表格编号。

（d2）：指定各轴的指令执行结束、异常结束标志位的位软元件。

（3）功能：同时执行多个轴的表格。指令执行开始后，各轴独立进行动作，也可连续运行。但是，只可在同一模块内同时执行。

（4）**示例**：图 2-2-19～图 2-2-26 所示为同时执行轴 1、轴 2、轴 4 各动作的程序示例。图 2-2-19 所示为 3 个轴的定位参数设置。

项目	轴 1	轴 2	轴 4
■基本参数 1			
脉冲输出模式	1：PULSE/SIGN	1：PULSE/SIGN	1：PULSE/SIGN
输出软元件（PULSE/CW）	Y0	Y1	Y3
输出软元件（SIGN/CCW）	Y4	Y5	Y7
旋转方向设置	0：通过正转脉冲输出增加当前地址	0：通过正转脉冲输出增加当前地址	0：通过正转脉冲输出增加当前地址
单位设置	0：电机系统（pulse，pps）	0：电机系统（pulse，pps）	0：电机系统（pulse，pps）
每转的脉冲数	2 000 pulse	2 000 pulse	2 000 pulse
每转的移动量	1 000 pulse	1 000 pulse	1 000 pulse
位置数据倍率	1：×1 倍	1：×1 倍	1：×1 倍
■基本参数 2			
插补速度指定方法	0：合成速度	0：合成速度	0：合成速度
最高速度	15 000 pps	20 000 pps	100 000 pps
偏置速度	1 000 pps	5 000 pps	0 pps
加速时间	500 ms	500 ms	500 ms
减速时间	500 ms	500 ms	500 ms
■详细设定参数			
外部开始信号启用/禁用	0：禁用	0：禁用	0：禁用
中断输入信号 1 启用/禁用	1：启用	0：禁用	0：禁用
中断输入信号 1 模式	1：标准模式	—	—
中断输入信号 1 软元件号	X1	—	—
中断输入信号 1 逻辑	0：正逻辑	—	—
中断输入信号 2 逻辑	0：正逻辑	0：正逻辑	0：正逻辑
■原点回归参数参数			
原点回归 启用/禁用	0：禁用	0：禁用	0：禁用

图 2-2-19　3 个轴的定位参数设置

轴1、轴2、轴4的定位数据设置，每个轴的表格个数不相同，采用的控制方式也不相同。图2-2-20所示为轴1定位数据设置。

NO.	软元件	控制方式	定位地址	指令速度	停留时间
1	—	1：1速定位（相对地址指定）	50 000（pulse）	10 000 pps	0 ms
2	—	2：1速定位（绝对地址指定）	60 000（pulse）	5 000 pps	0 ms
3	—	1：1速定位（相对地址指定）	20 000（pulse）	15 000 pps	0 ms
4	—	1：1速定位（相对地址指定）	30 000（pulse）	7 500 pps	0 ms

图2-2-20　轴1定位数据设置

图2-2-21所示为轴2定位数据设置。

NO.	软元件	控制方式	定位地址	指令速度	停留时间	中断输入信号2软元件号
1	—	1：1速定位（相对地址指定）	100 000 pulse	10 000 pps	0 ms	—
2	—	5：附带表格转移的可变速度运行	—	7 000 pps	0 ms	X2
3	—	3：中断1速定位	50 000 pulse	15 000 pps	0 ms	—

图2-2-21　轴2定位数据设置

图2-2-22所示为轴4定位数据设置。

NO.	软元件	控制方式	定位地址	指令速度	停留时间
1	—	2：1速定位（绝对地址指定）	100 000 pulse	30 000 pps	100 ms

图2-2-22　轴4定位数据设置

轴1（中断2速定位）的执行过程如图2-2-23所示。

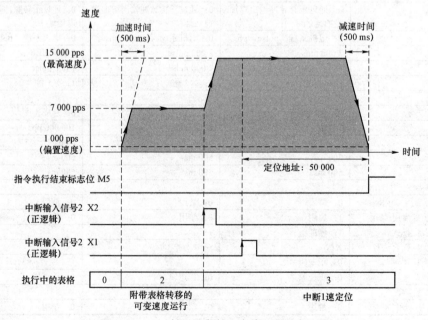

图2-2-23　轴1（中断2定位）的执行过程

轴 2（4 速定位）的执行过程如图 2-2-24 所示。

图 2-2-24 中：

① 控制方式 "1:1 速定位（相对地址指定）"，定位地址：50 000；

② 控制方式 "2:1 速定位（绝对地址指定）"，定位地址：60 000（输出仅 + 10 000）；

③ 控制方式 "1:1 速定位（相对地址指定）"，定位地址：20 000；

④ 控制方式 "1:1 速定位（相对地址指定）"，定位地址：30 000。

轴 4（1 速定位）的执行过程如图 2-2-25 所示。

整个 3 个轴的运行程序如图 2-2-26 所示。

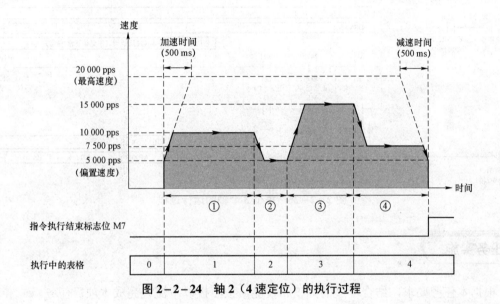

图 2-2-24 轴 2（4 速定位）的执行过程

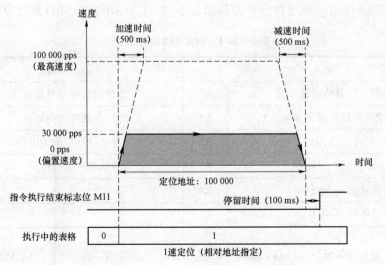

图 2-2-25 轴 4（1 速定位）的执行过程

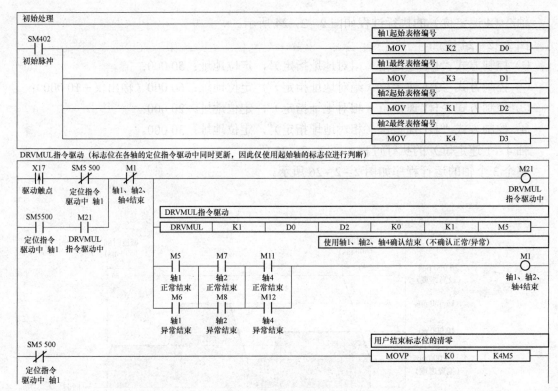

图 2-2-26　整个 3 个轴的运行过程

任务实施

根据本任务要求，结合学过的知识和技能，按照按以下流程完成本项目任务。

（1）根据控制要求画出控制系统原理图并完成硬件连接。

根据任务要求经过工作过程分析得到如表 2-2-1 所示的 PLC I/O 地址分配表。

表 2-2-1　PLC I/O 地址分配

输入		输出	
旋转台原点位置传感器 SQ5	X0	旋转台脉冲信号输出	Y0
导轨原点位置传感器 SQ6	X1	旋转台脉冲方向输出	Y2
回原点按钮 SB0	X2	导轨脉冲信号输出	Y1
启动按钮 SB1	X3	导轨脉冲方向输出	Y3
停止按钮 SB2	X4		
急停按钮 SB3	X5		

本系统主要由 FX5U-32MT、步科 3S57Q-04079 型步进电动机、步科 3M458 步进驱动器、三菱 GS2107 触摸屏、按钮、位置传感器（行程开关）等组成。整个系统原理图如图 2-2-27

所示，图中，SQ1、SQ2 为旋转台的两个安全传感器，当这两个安全传感器接通时，旋转工作台的步进驱动器才能正常工作；SQ3、SQ4 为导轨的上、下极限位置传感器，当这两个安全传感器接通时，导轨的步进驱动器才能正常工作；这四个传感器相当于一个硬件安全保护措施。根据工艺规范要求连接好硬件设备。

注意驱动模块，如果接 24 V 电源时在 PLS＋和 DIR＋端要接入一个 2 kΩ1/4 W 的电阻；如果是接 5 V 电源时则不需要接这个电阻。

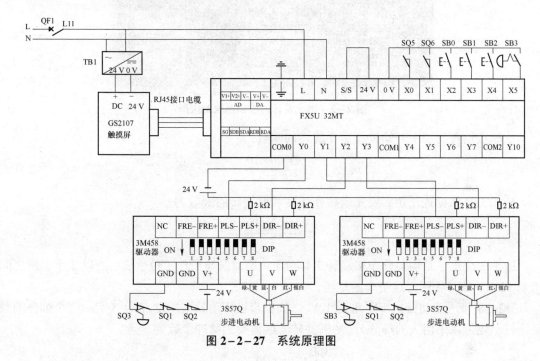

图 2-2-27　系统原理图

（2）触摸屏设计。

由于任务中要求根据需要设定运行的速度和位移，所以采用触摸屏实现这些数据的设定输入。触摸屏的设计我们在前面情境中已经简单学习过，本任务主要是关联一些数据。其操作方法和步骤参照情境一，相关软元件的关联为：D100 存储单元存储的是加工开始点与原点之间的距离（单位为 cm），D102 存储单元存放钻孔加工深度数据（单位为 cm）；D104 存储单元存储的是回原点速度；D106 存储单元存储的是快进速度；D108 存储单元存储的是钻孔加工速度。M301、M302、M303、M310 分别关联回原点、启动、停止及回归正常显示功能。设计的控制系统触摸屏如图 2-2-28 所示。

（3）PLC 程序设计。

① 脉冲计数。

根据控制要求先要计算完成工作台旋转和钻孔加工导轨移动时所需的脉冲数，设 D100 存储单元存储的是加工开始点与原点之间的距离（单位为 cm），D102 存储单元存储的是钻孔加工深度数据（单位为 cm）；D104 存储单元存储的是回原点速度；D106 存储单元存储的是快进速度；D108 存储单元存储的是钻孔加工速度。由于丝杠导程是 5 mm，也就是说旋转一圈的位移为 5 mm，则在本任务中

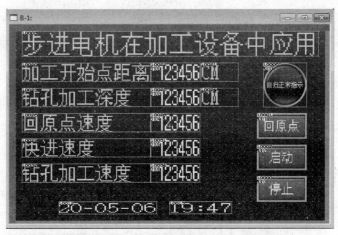

图 2-2-28 设计的控制系统触摸屏

从原点位置到加工开始位置需要旋转的圈数为

$$\frac{D100\times10}{5}$$

从加工开始位置开始到要完成钻孔深度需要旋转的圈数为

$$\frac{D102\times10}{5}$$

由于 3 个工位是均匀分布在旋转工作台上，原点又与第一工位重合，所以 3 个工位之间相差 120°，即 1/3 圈，这是个固定值。

3M458 步进驱动器的步距角为 1.2°，如果步进驱动器采用 2 细分（实际这个细分的频率比较小还可以采用大的细分），则每旋转一圈需要的脉冲个数为

$$\frac{360}{1.2}\times2=600 \quad（个）$$

所以本任务中导轨从原点运行到加工开始点位置的脉冲数为（在表格定位数据中可以采用绝对地址定位）

$$D110=\frac{D100\times10}{5}\times600=1\ 200\times D100$$

本任务中从加工开始位置开始到要完成钻孔深度需要脉冲数为（在表格定位数据中可以采用绝对地址定位）

$$D112=\frac{D102\times10}{5}\times600=1\ 200\times D102$$

工作台每次旋转 120° 所需脉冲数为 200 个。

② 使用 GX Works3，从"高速 I/O"中设定定位参数。

选择导航窗口→参数→FX5UCPU→模块参数→高速 I/O→输出功能→定位→详细设置→基本设置。

本任务中要使用到两个轴，都采用"脉冲＋方向"的形式运行而且每个轴都要回原点。设置基本参数 1 时要设定轴 1 和轴 2 的脉冲和方向软元件，系统自动分配了脉冲的软元件为

Y0 和 Y1，方向的软元件可以根据需要进行选择，这里为了方便就选择 Y2 和 Y3。在原点回归参数中主要设置原点回归方向和地址，这里设定 0 pulse 为原点地址；近点 DOG 信号软元件和零点信号软元件设置，为了方便这里都设置为一样，轴 1 为 X0，轴 2 为 X1。每转脉冲数和每转移动量都设为 600 pulse，如图 2-2-29 所示。其他参数的设置如单位、加减速时间、最高速度、偏置速度、中断信号等可参考相关手册和说明书。

（a）

（b）

图 2-2-29 轴 1 定位参数设定

（a）设置基本参数 1；（b）设置原点回归参数

③ 使用 GX Works3，从"高速 I/O"中设定表格数据。

选择导航窗口→参数→FX5UCPU→模块参数→高速 I/O→输出功能→定位详细设置→基本设置→轴 1 定位数据～轴 4 定位数据。

轴 1 旋转台定位运行时由于 3 个工位之间的相对位置是固定的，所以只采用一个定位号的数据就可以，而且旋转台从原点开始，故可以采用 1 速定位（相对地址指定）的控制方式；定位地址根据前面的技术，脉冲数为 200 pluse；指令速度固定为 50 p/s；使用软元件地址从 D200 开始，如图 2-2-30 所示。

图 2-2-30　轴 1 定位参数设定

轴 2 的表格数据设置稍微复杂些。钻头在导轨上的运行刚开始时以快进速度从原点位置运行到加工开始点位置，然后再从加工开始点位置按照加工速度进行钻孔，结束后再回到加工开始点位置，故在表格定位数据中采用三个表格，第一个表格采用 1 速定位（绝对地址指定），第二个表格采用 1 速定位（相对地址指定），第三个表格采用 1 速定位（绝对地址指定），由于三个表格中的定位地址和指令速度采用触摸屏设定的数据，所以一定要小心每个表格占用的 6 个存储单元中各自存储的究竟是什么数据，不要搞混淆了。使用软元件的地址从 D800 开始，第一个表格的 D800、D801 为定位地址，D802、D803 为指令速度；第二个表格的 D806、D807 为定位地址，D808、D809 为指令速度；第三个表格的 D812、D813 为定位地址，D814、D815 为指令速度。这些存储单元虽然我们在表格中也进行了设置，但在程序中需要通过程序进行赋值以满足生产工艺要求，如图 2-2-31 所示。其他的存储单元在这个任务中暂时没有使用。

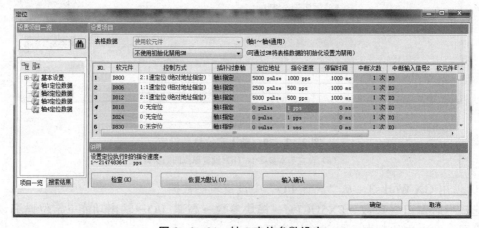

图 2-2-31　轴 2 定位参数设定

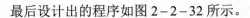

最后设计出的程序如图 2－2－32 所示。

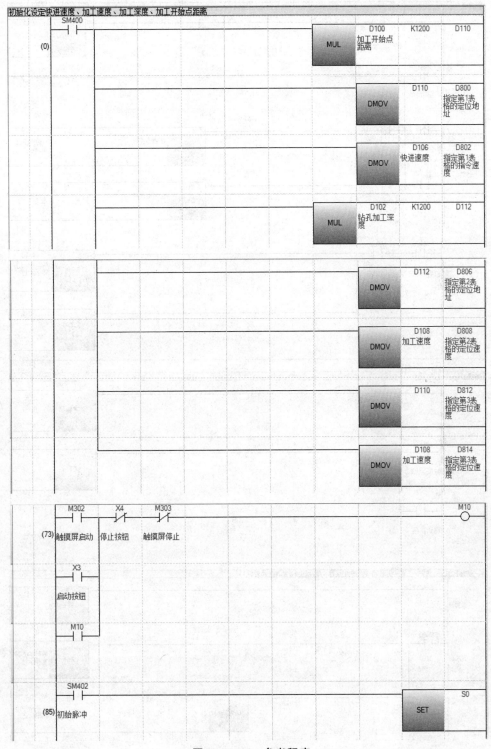

图 2－2－32　参考程序

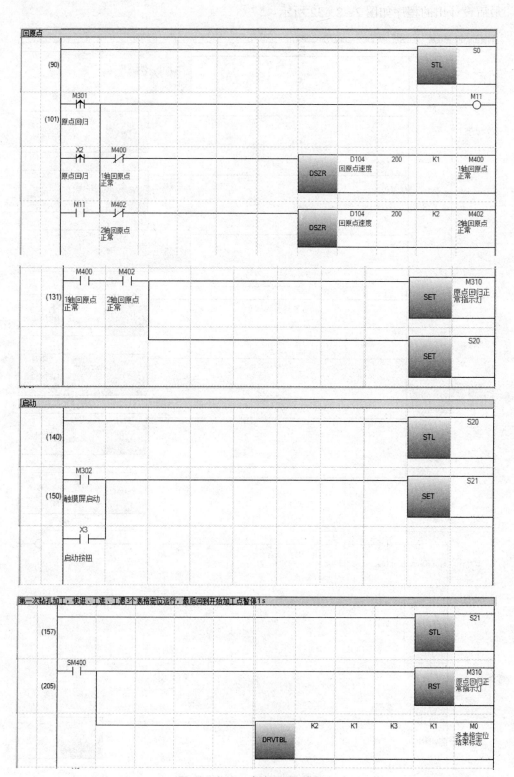

图 2-2-32 参考程序（续）

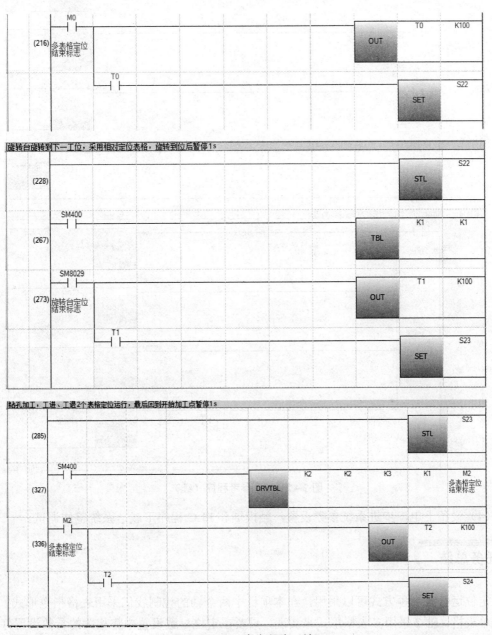

图 2-2-32　参考程序（续）

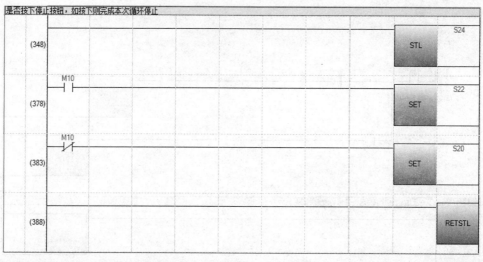

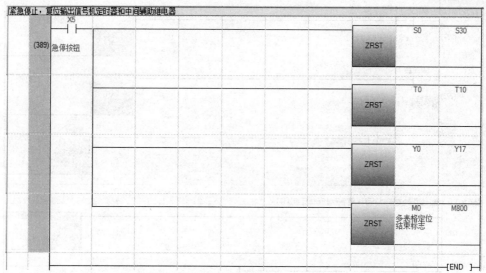

图 2-2-32　参考程序（续）

（4）设备上电，步进系统参数设置，触摸屏和 PLC 程序下载，系统整体调试。

任务总结

　　定位运行有多种方式可以采用，在本项目中两个轴的控制我们采用表格指令形式，轴 1 采用单表格，轴 2 采用多表格形式来实现，只要在定位参数设置中将相关的参数设置好，编程就相对简单很多。

情境 3　PLC 控制伺服电动机运行

任务 3.1　伺服系统初识

▶ 任务目标

任务具体要求为：完成 MR－JE－10A 伺服驱动器和 HG－KN13－S100 伺服电动机的电气连接以及空载 JOG 测试。

1. 知识目标

（1）熟悉伺服电动机的外部结构、防护形式及散热方式。

（2）熟悉伺服驱动器的操作单元、显示内容及面板设置。

（3）掌握伺服电动机和伺服驱动器的铭牌信息、型号标识及主要参数。

2. 技能目标

（1）能准确识别伺服电动机和伺服驱动器的铭牌及型号。

（2）会进行伺服驱动器和伺服电动机的电气接线。

（3）能正确设置伺服驱动器的简单参数。

▶ 任务分析

通过教师的讲授学习有关伺服电动机和伺服驱动器的工作原理及结构和选型知识，引导学生学会查阅有关资料来完成本任务。

▶ 知识准备

3.1.1　伺服系统概述

伺服系统广泛地应用在高、精、尖领域，例如，数控加工设备的工作台多由伺服系统拖动，伺服驱动技术也是机器人的三大核心技术之一。

1. 伺服系统概念

机电伺服系统最初用于船舶的自动驾驶、火炮控制和指挥仪中，后来逐渐推广到很多领域，包括工业、国防和几乎所有的装备制造业，特别是应用于天线位置控制、制导、数控加工设备、机器人中。

伺服系统是指在控制指令的作用下，通过驱动元件控制被控对象的某种状态，使其能够自动地、连续地、精确地复现输入信号的变化规律，从而获得精确的位置、速度及转矩输出的自动控制系统，亦称随动系统。

2. 伺服系统的分类

伺服系统的分类方法很多，常见的分类方法有以下三种。

1）按驱动方式分类

分为电气伺服系统、液压伺服系统、气动伺服系统。电气伺服系统又分为直流伺服系统、交流伺服系统和步进伺服系统。

2）按照功能特征分类

分为位置伺服系统、速度伺服系统及转矩伺服系统。位置伺服系统又分为点位伺服系统和连续轨迹伺服系统。

（1）位置伺服系统。

位置控制是指转角位置或直线移动位置的控制。位置控制按照控制原理又分为点位控制（PTP）和连续轨迹控制（CP）。

点位控制（PTP）：是点到点的定位控制，它既不控制点与点之间的运动轨迹，也不在此过程中进行加工或测量，如数控钻床、冲床、镗床、测量机和点焊工业机器人等。

连续轨迹控制（CP）：又分为直线控制和轮廓控制。

直线控制是指工作台相对工具以一定速度沿某个方向的直线运动（单轴或双轴联动）的控制，在此过程中要进行加工或测量，如数控镗铣床、大多数加工中心和弧焊工业机器人等。

轮廓控制是指控制两个或两个以上坐标轴移动的瞬时位置与速度，通过联动形成一个平面或空间的轮廓曲线或曲面，如数控车床、凸轮磨床、激光切割机和三坐标测量机等。

（2）速度伺服系统。

速度控制是保证电动机的转速与速度指令要求一致，通常采用 PI 控制方式。对于动态响应、速度恢复能力要求特别高的系统，可采用变结构（滑模）控制方式或自适应控制方式。

速度控制既可单独使用，也可与位置控制联合成为双回路控制，但主回路是位置控制，速度控制作为反馈校正，改善系统的动态性能，如各种数控机床的双回路伺服系统。

（3）转矩伺服系统。

转矩控制是通过外部模拟量的输入或直接的地址赋值来设定电动机轴对外的输出转矩的大小，主要应用在对材质的受力有严格要求的缠绕和放卷的装置中。例如绕线装置或拉光纤设备，转矩的设定要根据缠绕半径的变化随时更改以确保材质的受力不会随着缠绕半径的变化而改变。

3）按控制方式分类

分为开环控制伺服系统、半闭环控制伺服系统和闭环控制伺服系统。

（1）开环控制伺服系统。

开环控制伺服系统没有速度及位置测量元件，伺服执行装置为步进电动机或电液脉冲电动机。由于这种控制方式对传动机构或控制对象的运动情况不进行检测与反馈，输出量与输入量之间只有单向作用。没有反向联系，故称为开环控制伺服系统。开环控制伺服系统组成原理图如图 3-1-1 所示。

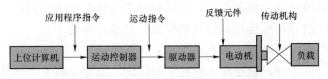

图 3-1-1　开环控制伺服系统组成原理图

开环控制伺服系统的优点：结构简单，容易掌握，调试、维修方便，造价低；

缺点：控制精度低、温升高、噪声大、效率低、加减速性能差等。

（2）半闭环控制伺服系统。

半闭环控制伺服系统不对控制对象的实际位置进行检测，而是用安装在伺服电动机轴端上的速度、角位移测量元件测量伺服电动机的转动，间接地测量控制对象的位移、角位移，测量元件测出的位移量反馈回来与输入指令比较，利用差值来校正伺服电动机的转动位置。半闭环控制伺服系统组成原理图如图 3-1-2 所示。

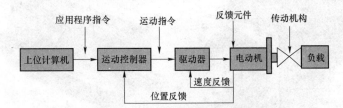

图 3-1-2　半闭环控制伺服系统组成原理图

半闭环控制伺服系统的主要特点：较稳定的控制特性，介于闭环伺服系统和开环伺服系统之间的定位精度，系统稳定性较好，调试较容易，价格低廉。

（3）闭环控制伺服系统。

闭环控制伺服系统带有检测装置，可以直接对工作台的位移量进行检测。在闭环控制伺服系统中，速度、位移测量元件不断地检测控制对象的运动状态。图 3-1-3 所示为闭环控制伺服系统组成原理图。

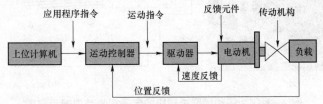

图 3-1-3　闭环控制伺服系统组成原理图

闭环控制伺服系统的主要特点：与半闭环控制伺服系统相比，其反馈点取自输出量，避免了半闭环控制系统自反馈信号取出点至输出量间各元件引出的误差。由于系统是利用输出量与输入量之间的差值进行控制的，故又称其为负反馈控制。该类系统适用于对精度要求很高的数控机床，如超精车床、超精铣床等。

3.1.2　交流伺服电动机

交流伺服电动机在伺服系统中的任务是将控制电信号快速地转换为转轴转动的一个执行动作。自动控制系统对交流伺服电动机的控制要求主要有以下几点：

（1）转速和转向应方便地受控制信号的控制，调速范围要大；

（2）整个运行范围内的特性应接近线性关系，保证运行的稳定性；

（3）当控制信号消除时，伺服电动机应立即停转，即电动机无"自转"现象；

（4）控制功率要小，启动力矩要大；

（5）机电时间常数要小，启动电压要低；

（6）当控制信号变化时，反应要快速、灵敏。

1. 交流伺服电动机的结构与特点

交流伺服电动机的结构主要分为定子、转子、编码器和其他辅助结构（风扇、封盖），如图 3−1−4 所示。

图 3−1−4　交流伺服电动机

1）定子

定子由铁芯和线圈构成，一种伺服电动机的定子实物及内部示意图如图 3−1−5 所示。

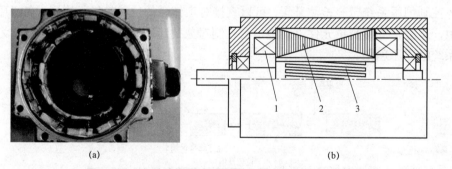

（a）　　　　　　　　　　　　　　　（b）

图 3−1−5　一种伺服电动机的定子实物及内部示意图

（a）定子实物；（b）定子内部示意图

1—定子绕组；2—定子铁芯；3—鼠笼形转子

2）转子

（1）鼠笼形转子。

鼠笼形转子由转轴、转子铁芯和转子绕组等组成，如图 3−1−6 所示。

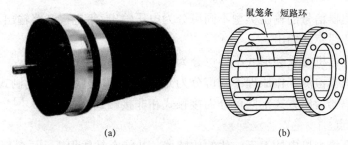

图 3-1-6　鼠笼形转子实物及绕组

（a）转子实物；（b）转子绕组

鼠笼形转子交流伺服异步电动机的主要特点：体积小、质量轻、效率高；启动电压低、灵敏度高、激励电流较小；机械强度较高、可靠性好；耐高温、振动、冲击等恶劣环境条件；低速运转时不够平滑，有抖动等现象。该类型伺服异步电动机主要应用于小功率伺服控制系统。

（2）杯形转子。

杯形转子只是鼠笼形转子的一种特殊形式，电动机的结构和杯形转子如图 3-1-7 所示。

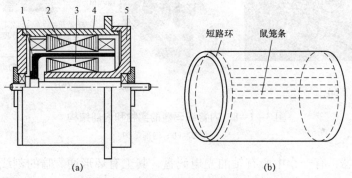

图 3-1-7　杯形转子交流伺服异步电动机

（a）电动机的结构；（b）杯形转子

1—杯形转子；2—外定子；3—内定子；4—机壳；5—端盖

杯形转子交流伺服异步电动机具有如下特点：转子惯量小；轴承摩擦阻转矩小；运转平稳；内、外定子间气隙较大，利用率低，工艺复杂，成本高。该电动机主要应用在要求低噪声及运转非常平稳的某些特殊场合。

2. 编码器

编码器（encoder）是将信号（如比特流）或数据进行编制、转换为可用以通信、传输和存储的信号形式的设备。它属于传感器的一种，主要用来检测机械运动的速度、位置、角度、距离或计数，除了应用在机械外，许多的电动机控制如伺服电动机均需配备编码器以供电动机控制器作为换相、速度及位置的检出。编码器把角位移或直线位移转换成电信号，前者称为码盘，后者称为码尺。

1）编码器分类

（1）按照编码器码盘的刻孔方式不同可以分为增量型及绝对值型。

（2）按照编码器信号的输出类型不同可分为电压输出、集电极开路输出、推挽式输出（又叫推拉式输出）和线驱动输出。

（3）按照编码器机械安装形式不同可分为有轴型和轴套型。

（4）按照编码器检测工作原理不同可分为光电式、磁电式和触点电刷式。

（5）按照编码器读出方式不同可分为接触式和非接触式两种。

2）编码器特点

旋转编码器是集光机电技术于一体的传感器。其特点是体积小、质量轻、品种多、功能全、频响高、分辨能力高、力矩小、能耗低、性能稳定、可靠使用、寿命长等。

伺服电动机一般在电动机内部集成内置编码器套在电动机转子的转轴上，当转子转动时，编码器的码盘也跟着旋转，输出反馈脉冲送至驱动器。内置编码器的实物和内部结构如图 3-1-8 所示。

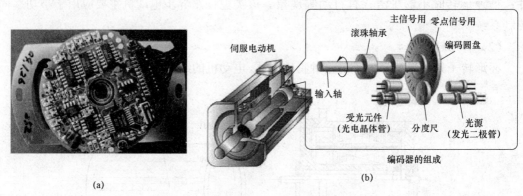

(a)

(b)

图 3-1-8　内置编码器的实物和内部结构

(a) 实物；(b) 内部结构

增量型编码器：有一个中心有轴的光电码盘，其上有环形通、暗的刻线，由光电发射和接收器件读取而获得信号；另外，每转输出一个 Z 相脉冲，以代表零位参考位。由于 A、B 两相相差 90°，可通过比较 A 相在前还是 B 相在前，以判别编码器的正转与反转。通过零位脉冲，可获得编码器的零位参考位，如图 3-1-9 所示。

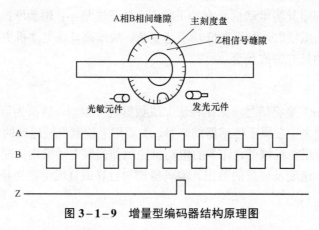

图 3-1-9　增量型编码器结构原理图

绝对值型编码器：绝对编码器光码盘上有许多道光通道刻线，每道刻线依次以 2 线、4

线、8 线、16 线、……编排，这样，在编码器的每一个位置，通过读取每道刻线的通、暗，获得一组 $2^0 \sim 2^{n-1}$ 次方的唯一的二进制编码（格雷码），称为 n 位绝对编码器。这样的编码器是由光电码盘的机械位置决定的，它不受停电、干扰的影响。绝对编码器由机械位置决定的每个位置是唯一的，无须记忆，无须找参考点，而且不用一直计数，什么时候需要知道位置，什么时候就去读取它的位置。这样，编码器的抗干扰特性、数据的可靠性就大大提高了。

旋转单圈绝对值编码器，在转动中测量光电码盘各道刻线，以获取唯一的编码。当转动超过 360° 时，编码又回到原点，这样就不符绝对编码唯一的原则。这样的编码只能用于旋转范围 360° 以内的测量，称为单圈绝对值编码器。

从上面的描述可以看出，两者各有优缺点，增量型编码器比较通用，大多场合都用这种。从价格看，一般来说绝对型编码器要贵得多，而且绝对型编码器有量程范围，所以一般在特殊需要的机床上应用较多。

增量型编码器一个很重要的技术参数是每转脉冲数，即分辨率。分辨率就是编码器以每旋转 360° 提供多少的通或暗刻线数，也称解析分度，或直接称多少线。例如三菱 HF – KP – 13 伺服电动机的编码器为绝对和增量方式共用编码器，分辨率为 262 144 脉冲/r；HG – KN13J – S100 伺服电动机的编码器为增量型 17 位编码器，分辨率为 131 072 脉冲/r。

3. 基本工作原理

1）同步型交流伺服电动机

所谓同步电动机，即转子转速与旋转磁场速度同步。交流伺服电动机中最为普及的是同步型交流伺服电动机，其励磁磁场由转子上的永磁体产生，通过控制三相电枢电流，使其合成电流矢量与励磁磁场正交而产生转矩。同步型交流伺服电动机虽较感应电动机复杂，但比直流电动机简单。它的定子与感应电动机一样，都在定子上装有对称三相绕组。而转子却不同，按不同的转子结构又分电磁式及非电磁式两大类。非电磁式又分为磁滞式、永磁式和反应式等多种。其中，磁滞式和反应式同步电动机存在效率低、功率因数较小、容量不大等缺点。数控机床中多用永磁式同步电动机。与电磁式相比，永磁式同步电动机的优点是结构简单、运行可靠、效率较高；其缺点是体积大、启动特性欠佳。但永磁式同步电动机采用高剩磁感应、高矫顽力的稀土类磁铁后，可比直流电动机外形尺寸约小 1/2，质量减轻 60%，转子惯量减到直流电动机的 1/5。它与异步电动机相比，由于采用了永磁铁励磁，消除了励磁损耗及有关的杂散损耗，所以效率高。又因为没有电磁式同步电动机所需的集电环和电刷等，其机械可靠性与感应（异步）电动机相同，而功率因数却大大高于异步电动机，从而使永磁同步电动机的体积比异步电动机小些。这是因为在低速时，感应（异步）电动机由于功率因数小，输出同样的有功功率时，它的视在功率却要大得多，而电动机主要尺寸是根据视在功率而定的。

2）感应型交流伺服电动机

感应型交流伺服电动机可以达到与他励式直流电动机相同的转矩控制特性，再加上感应型交流伺服电动机本身价格低廉、结构坚固及维护简单，因此感应型交流伺服电动机逐渐在高精密速度及位置控制系统中得到越来越广泛的应用。

两相异步伺服电动机工作时，励磁绕组两端施加恒定的励磁电压 U_f，控制绕组两端施加控制电压 U_k，通常将有效匝数相等的两个绕组称为两相对称绕组。若在两相对称绕组上施加两个幅值相等且相位差 90° 电角度的对称电压，则电动机处于对称状态。

此时，两相绕组在定子、转子之间的气隙中产生的合成磁势是一个圆形旋转磁场。若两个电压幅值不相等或相位差不为 90° 电角度，则会得到一椭圆形旋转磁场。

4. 主要技术数据

1）型号说明

伺服电动机的产品很多，每个生产厂家对产品的说明各不相同，在使用前应仔细阅读相关说明书和手册。三菱 HG–KN13J–S100 交流伺服电动机的铭牌和型号含义如图 3–1–10 所示。

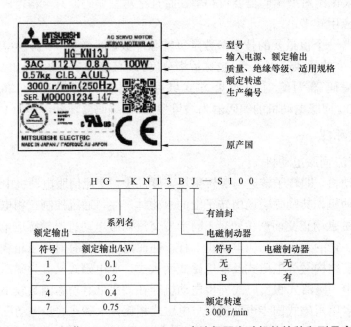

图 3–1–10 三菱 HG–KN13J–S100 交流伺服电动机的铭牌和型号含义

2）电压

技术数据表中励磁电压和控制电压都指的是额定值。励磁绕组的额定电压一般允许变动范围为 ±5%。电压太高，电动机会发热；电压太低，电动机的性能将变坏，如堵转转矩和输出功率会明显下降、加速时间增长等。

3）频率

目前，控制电动机常用的频率分低频和中频两大类，低频为 50 Hz（或 60 Hz），中频为 400 Hz（或 500 Hz）。

一般情况下，低频电动机不应该用中频电源，中频电动机也不应该用低频电源，否则电动机性能会变差。

4）堵转转矩、堵转电流

定子两相绕组加上额定电压，转速等于 0 时的输出转矩，称为堵转转矩。这时流经励磁绕组和控制绕组的电流分别称堵转励磁电流和堵转控制电流。堵转电流通常是电流的最大值，可作为设计电源和放大器的依据。

5）空载转速

在定子绕组上加额定电压，电动机不带任何负载时的转速称为空载转速 n_0。空载转速与电动机的极数有关。由于电动机本身阻转矩的影响，空载转速略低于同步转速。

6）额定输出功率

当电动机处于对称状态时，输出功率 P_2 随转速 n 变化，当转速接近空载转速 n_0 的一半时，输出功率最大。通常就把这一状态规定为交流伺服电动机的额定状态。

电动机可以在这个状态下长期连续运转而不过热。这个最大的输出功率就是电动机的额定功率 P_{2n}，对应这个状态下的转矩和转速称分别为额定转矩 T_n 和额定转速 n_n。

5. 伺服电动机的使用

伺服电动机主要外部部件有连接电源电缆、内置编码器、编码器电缆等。有的品牌编码器电缆和电源电缆为选件。对于带电磁制动的伺服电动机，单独需要电磁制动电缆。如果驱动器与电动机连线较长应相应加粗电缆，且编码器电缆必须加粗。电动机轴心必须与设备轴心杆对心连好，电动机固定用四根螺栓，必须锁紧。

3.1.3　交流伺服驱动器

伺服驱动器又称为伺服控制器、伺服放大器，是用来控制伺服电动机的一种控制器，其作用类似于变频器作用于普通交流电动机，属于伺服系统的一部分，主要应用于高精度的定位系统。伺服驱动器一般是以位置、速度和转矩三种方式对伺服电动机进行控制，实现高精度的传动系统定位，目前是传动技术的高端产品。伺服驱动器的产品类别多种多样，这里主要以三菱的产品为例进行说明。

1. 伺服驱动器主要功能

三菱通用 MR - JE - □A 交流伺服驱动器具有位置控制、速度控制和转矩控制三种控制模式。在位置控制模式下最高可以支持 4 Mpulse/s 的高速脉冲串，还可以选择位置/速度切换控制、速度/转矩切换控制和转矩/位置切换控制。它不但可以用于机床和普通工业机械的高精度定位和平滑的速度控制，还可以用于线控制和张力控制等，应用范围十分广泛。同时还支持单键调整及即时自动调整功能，可以对伺服增益进行简单的自动调整。

三菱通用 MR - JE - □B 交流伺服驱动器是通过伺服系统控制器和高速同步网络 SSCNETⅢ/H 连接。伺服驱动器直接从控制器读取指令，驱动伺服电动机。SSCNETⅢ/H 通过采用 SSCNETⅢ 光缆保持了很强的噪声耐性，并且实现了全双工 150 Mb/s 高速通信。控制器和伺服驱动器之间可以实现大量数据的实时通信。

通过 Tough Drive 功能、驱动记录器功能以及预防性保护支持功能，对机器的维护与检查提供强力的支持。因为装备了 USB 通信接口，与安装 MR Configurator2 的计算机连接后，能够进行数据设定和试运行以及增益调整等。

该伺服驱动器与 HG-KN 系列的伺服电动机采用 131 072 pulse/r 分辨率的增量式编码器,能够进行高精度的定位。

2. MR-JE 系列交流伺服驱动器

1)型号

三菱 MR-JE 系列交流伺服驱动器的铭牌和型号说明如图 3-1-11 所示。从铭牌中可以看出,伺服驱动器的主要参数有功率、输入电压、频率、电流、输出电压、电流和频率范围。

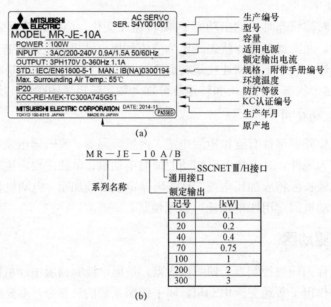

图 3-1-11 三菱 MR-JE 系列交流伺服驱动器的铭牌和型号说明
(a) 铭牌;(b) 型号说明

2)伺服驱动器的构造、内部电路和接口

(1)伺服驱动器的构造。

三菱 MR-JE-10A 交流伺服驱动器的构造、各部分的名称及其功能如图 3-1-12 所示。从图 3-1-12 中可以看到,主要构造由主电路电源、控制电路电源、制动电阻接线端子、电动机接线端子、操作面板、控制电路接口、通信接口等构成。

(2)内部电路。

交流伺服驱动器的主要功能是根据控制电路的指令,将电源提供的电流转变为伺服电动机电枢绕组中的交流电流,以产生所需要的电磁转矩。内部电路按照功能主要包括功率变换主电路、控制电路、驱动电路。三菱 MR-JE-10A 伺服驱动器的内部结构框图如图 3-1-13 所示。

① 功率变换主电路和驱动电路。

功率变换主电路主要由整流电路、滤波电路和逆变电路三部分组成。高压、大功率的交流伺服系统,有时需要抑制电压、电流尖峰的缓冲电路。频繁运行于快速正反转的伺服系统,还需要消耗多余再生能量的制动电路。

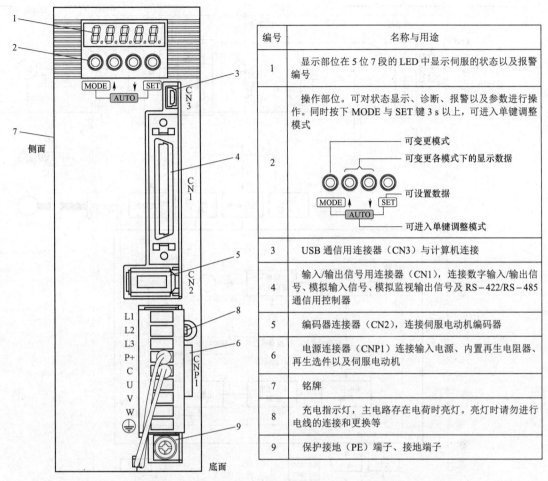

图 3－1－12　三菱 MR－JE－10A 交流伺服驱动器的构造、各部分的名称及其功能

驱动电路根据控制信号对功率半导体开关器件进行驱动，并为交流伺服电动机及其控制器件提供保护，主要包括开关器件的前级驱动电路和辅助开关电源电路等。

② 控制电路。

主要由运算电路、PWM 生成电路、检测信号处理电路、输入/输出电路、保护电路等构成。其主要作用是完成对功率变换主电路的控制和实现各种保护。

交流伺服系统具有电流反馈、速度反馈和位置反馈的三闭环结构形式，其中电流环和速度环为内环，位置环为外环。伺服驱动器系统的结构框图如图 3－1－14 所示。

电流环由电流控制器和功率变换器组成，其作用是使电动机绕组电流实时、准确地跟踪电流指令信号，限制电枢电流在动态过程中不超过交流伺服电动机及其驱动器的最大值，使系统具有足够大的加速转矩，提高系统的快速性。

速度环的作用是增强系统抗负载扰动的能力，抑制速度波动，实现稳态无静差。

位置环的作用是保证系统静态精度和动态跟踪的性能，这直接关系到交流伺服系统的稳定性和能否高性能运行，是设计的关键所在。

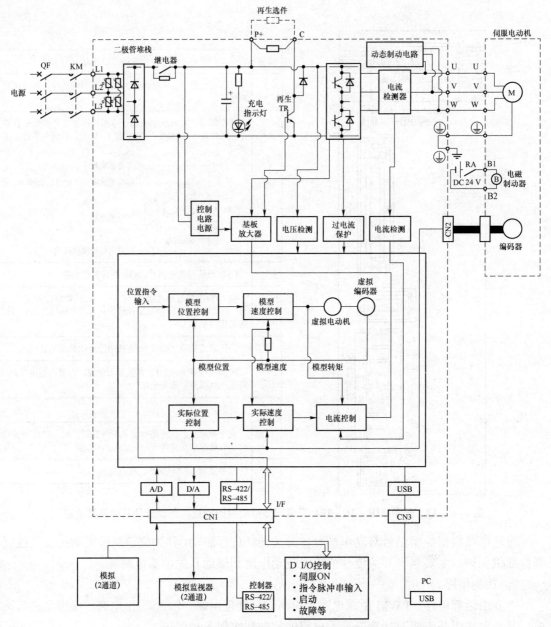

图 3-1-13　三菱 MR-JE-10A 伺服驱动器的内部结构框图

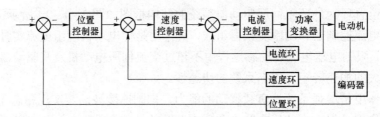

图 3-1-14　伺服驱动器系统的结构框图

（3）伺服驱动器的接口。

① I/O 接口。

为了更有弹性与上位控制器（如 PLC）相沟通，伺服驱动器提供了可规划的输入和输出。除此之外，还提供差动输出的编码器信号，以及模拟转矩指令输入、模拟速度/位置指令输入、脉冲位置指令输入。这些输入、输出通过 I/O 接口与上位机控制器相连，I/O 接口在三菱 MR－JE－10A 伺服驱动器上称为 CN1。图 3－1－15 所示为三菱 MR－JE－10A 伺服驱动器的 I/O 接口引脚编号图。

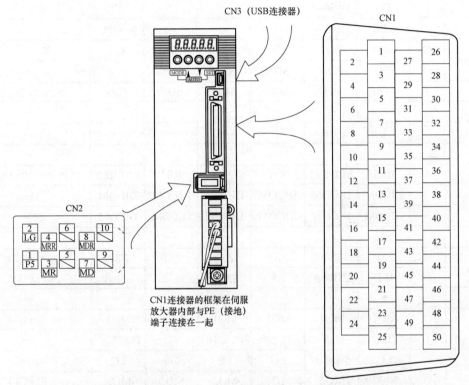

图 3－1－15　三菱 MR－JE－10A 伺服驱动器的 I/O 接口引脚编号图

三菱 MR－JE－10A 伺服驱动器 CN1 接口的引脚功能如表 3－1－1 所示。

表 3－1－1　三菱 MR－JE－10A 伺服驱动器 CN1 接口的引脚功能

引脚编号	I/O	控制模式时的输入/输出信号[①]						相关参数
		P	P/S	S	S/T	T	T/P	
1	—	—	—	—	—	—	—	—
2	I	—	－/VC	VC	VC/VLA	VLA	VLA/－	
3	—	LG	LG	LG	LG	LG	LG	—
4	O	LA	LA	LA	LA	LA	LA	
5	O	LAR	LAR	LAR	LAR	LAR	LAR	—
6	O	LB	LB	LB	LB	LB	LB	—

续表

引脚编号	I/O	控制模式时的输入/输出信号①						相关参数
		P	P/S	S	S/T	T	T/P	—
7	O	LBR	LBR	LBR	LBR	LBR	LBR	—
8	O	LZ	LZ	LZ	LZ	LZ	LZ	—
9	O	LZR	LZR	LZR	LZR	LZR	LZR	—
10	I	PP	PP/−	注③	注③	注③	−/PP	Pr.PD43/Pr.PD44
11	I	PG	PG/−	—	—	—	−/PG	—
12	—	OPC	OPC/−	—	—	—	−/OPC	—
13	O	SDP	SDP	SDP	SDP	SDP	SDP	—
14	O	SDN	SDN	SDN	SDN	SDN	SDN	—
15	I	SON	SON	SON	SON	SON	SON	Pr.PD03/Pr.PD04
16	—	—	—	—	—	—	—	
17	—	—	—	—	—	—	—	
18	—	—	—	—	—	—	—	
19	I	RES	RES/ST1	ST1	ST1/RS2	RS2	RS2/RES	Pr.PD11/Pr.PD12
20	—	DICOM	DICOM	DICOM	DICOM	DICOM	DICOM	—
21	—	DICOM	DICOM	DICOM	DICOM	DICOM	DICOM	—
22	—	—	—	—	—	—	—	
23	O	ZSP	ZSP	ZSP	ZSP	ZSP	ZSP	Pr.PD24
24	O	INP	INP/SA	SA	SA/−		−/INP	Pr.PD25
25	—	—	—	—	—	—	—	
26	O	MO1	MO1	MO1	MO1	MO1	MO1	Pr.PC14
27	I	TLA②	TLA②	TLA②	TLA/TC	TC	TC/TLA②	—
28	—	LG	LG	LG	LG	LG	LG	—
29	O	MO2	MO2	MO2	MO2	MO2	MO2	Pr.PC15
30	—	LG	LG	LG	LG	LG	LG	—
31	I	TRE	TRE	TRE	TRE	TRE	TRE	
32	—	—	—	—	—	—	—	
33	O	OP	OP	OP	OP	OP	OP	
34	—	LG	LG	LG	LG	LG	LG	
35	I	NP	NP/−	注③	注③	注③	−/NP	Pr.PD45/Pr.PD46
36	I	NG	NG/−	—	—	—	−/NG	
37	I	PP2	PP2/−	注④	注④	注④	−/PP2	Pr.PD43/Pr.PD44
38	I	NP2	NP2/−	注④	注④	注④	−/NP2	Pr.PD45/Pr.PD46
39	I	RDP	RDP	RDP	RDP	RDP	RDP	—
40	I	RDN	RDN	RDN	RDN	RDN	RDN	—
41	I	CR	CR/ST2	ST2	ST2/RS1	RS1	RS1/CR	Pr.PD13/Pr.PD14

引脚编号	I/O	控制模式时的输入/输出信号[①]						相关参数
		P	P/S	S	S/T	T	T/P	
42	I	EM2	EM2	EM2	EM2	EM2	EM2	—
43	I	LSP	LSP	LSP	LSP/–	—	–/LSP	Pr.PD17/Pr.PD18
44	I	LSN	LSN	LSN	LSN/–	—	–/LSN	Pr.PD19/Pr.PD20
45	—	—	—	—	—	—	—	—
46	—	DOCOM	DOCOM	DOCOM	DOCOM	DOCOM	DOCOM	—
47	—	DOCOM	DOCOM	DOCOM	DOCOM	DOCOM	DOCOM	—
48	O	ALM	ALM	ALM	ALM	ALM	ALM	—
49	O	RD	RD	RD	RD	RD	RD	Pr.PD28
50	—	—	—	—	—	—	—	—

注① P：位置控制模式；S：速度控制模式；T：转矩控制模式；P/S：位置/速度控制切换模式；S/T：速度/转矩控制切换模式；T/P：转矩/位置控制切换模式。

② 如果在"Pr.PD03""Pr.PD11""Pr.PD13""Pr.PD17"以及"Pr.PD19"中设置可以使用 TL（外部转矩限制选择）从而能够使用 TLA。

③ 可作为漏型接口的输入软元件使用。初始状态下没有分配输入软元件。使用时请根据需要通过"Pr.PD43"～"Pr.PD46"分配软元件。此时 CN1-12 引脚应连接 DC 24 V 的正极。

④ 可作为源型接口的输入软元件使用。初始状态下没有分配输入软元件。使用时请根据需要通过"Pr.PD43"～"Pr.PD46"分配软元件。

② 主要端子功能说明。

SON（CN1-15）：在开启 SON 时，主电路将会通电，变为可以运行的状态。（伺服 ON 状态）关闭后主电路将被切断，伺服电动机进入自由运行状态。要使伺服电动机工作，伺服驱动器开始信号一定要接通。

RES（CN1-19）：开启 RES 50 ms 以上时可以对报警进行复位。

EM2（CN1-42）：紧急停止，伺服驱动器运行过程中此信号断开，则伺服驱动器停止，因此此信号一定要接通。

LSP（CN1-43）：正转行程末端，此信号接通，则伺服电动机可以正转；若此信号断开，则伺服电动机将停止正转，即伺服电动机正转过程中此信号一定要接通。

LSN（CN1-44）：反转行程末端，此信号与 LSP 类似。

PP（CN1-10）：位置控制模式时，漏型输入接口，输入指令脉冲串，在 PP 和 DOCOM 之间输入正转脉冲串，如图 3-1-16（a）、（c）所示。

NP（CN1-35）：位置控制模式时，漏型输入接口，输入指令脉冲串，在 NP 和 DOCOM 之间输入反转脉冲串，如图 3-1-16（a）、（c）所示。

PP2（CN1-37）：位置控制模式时，源型输入接口，输入指令脉冲串，在 PP2 和 PG 之间输入正转脉冲串，如图 3-1-16（b）、（c）所示。

NP2（CN1-38）：位置控制模式时，源型输入接口，输入指令脉冲串，在 PP2 和 PG 之间输入正转脉冲串，如图 3-1-16（b）、（c）所示。

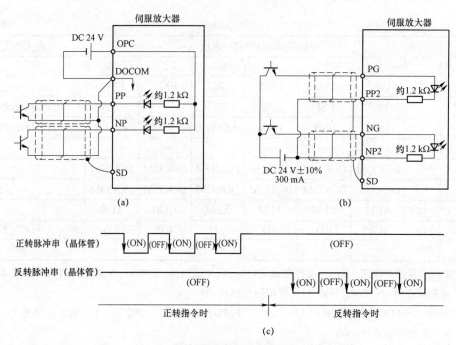

图 3-1-16 漏型/源型输入接口脉冲信号执行情况

（a）漏型输入接口；（b）源型输入接口；（c）脉冲串

PG（CN1-11）：位置控制模式，差动输入方式时，输入指令脉冲串，在 PG 和 PP 之间输入正转脉冲串，如图 3-1-17 所示。

NG（CN1-36）：位置控制模式，差动输入方式时，输入指令脉冲串，在 NG 和 NP 之间输入反转脉冲串，如图 3-1-17 所示。

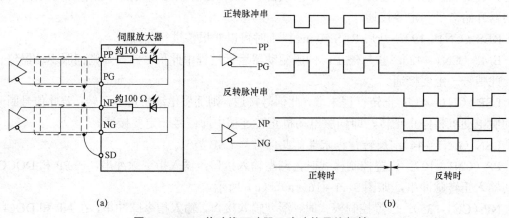

图 3-1-17 差动线驱动器及脉冲信号执行情况

（a）差动线驱动器方式；（b）脉冲信号执行情况

VLA/VC（CN1-2）：复用端子，在速度控制模式时，为模拟速度限制/模拟速度指令。在 VLA 与 LG 之间加载 DC 0～±10 V，±10 V 时对应通过 "Pr.PC12" 中设置的转速，当在 VLA 中输入大于允许转速的限制值时，则将在允许转速下被固定。在 VC 与 LG 之间加载 DC 0～±10 V 的电压，±10 V 时对应通过"Pr.PC12"中设置的转速，当在 VC 中输入大于允许转速的指令值时，则将在允许转速下被固定。图 3-1-18 所示为使用漏型输入输出接口时的连接图，图中 ST1（正转启动）及 ST2（反转启动）软元件 0，1 的不同组合形式得到不同的旋转方向。

TLA/TC（CN1-27）：复用端子，在转矩控制模式时，为模拟转矩限制/模拟转矩指令。在使用此信号时，请在"Pr.PD03"～"Pr.PD20"中设置为可以使用 TL（外部转矩限制选择）。TLA 有效时，在伺服电动机输出转矩全范围内限制所有转矩，在 TLA 与 LG 之间加载 DC 0～+10 V 的电压，在 +10 V 下输出最大转矩，当在 TLA 中输入大于最大转矩的限制值时，则将在最大转矩下被固定。TC 有效时，控制伺服电动机输出转矩全区域的转矩，在 TC 与 LG 之间加载 DC 0～±8 V 的电压，在 ±8 V 下输出最大转矩，输入 ±8 V 时对应的转矩可以在"Pr.PC13"中进行变更，当在 TC 中输入大于最大转矩的指令值时，则将在最大转矩下被固定。图 3-1-19 所示为使用漏型输入输出接口时的连接图，图中 RS1（正转选择）及 ST2（反转选择）软元件 0，1 的不同组合形式决定转矩的输出发生方向。

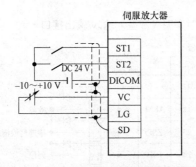

图 3-1-18　速度控制模式时漏型输入输出接口　　图 3-1-19　位置控制模式时漏型输入输出接口

LA/LAR（CN1-4/CN1-5）：在位置、速度、转矩三种控制模式时，编码器 A 相脉冲（差动线驱动器），如图 3-1-20、图 3-1-21 所示。

LB/LBR（CN1-6/CN1-7）：在位置、速度、转矩三种控制模式时，编码器 B 相脉冲（差动线驱动器），如图 3-1-20、图 3-1-21 所示。

使用差分线路驱动器方式输出在"Pr.PA15"中设置的编码器每周输出脉冲。伺服电动机 CCW 方向旋转时，编码器 B 相脉冲比编码器 A 相脉冲延迟了 $\pi/2$ 位相。A 相脉冲以及 B 相脉冲的旋转方向与位相差的关系可以在"Pr.PC19"中进行变更。

OP（CN1-33）：在位置、速度、转矩三种控制模式时，为编码器 Z 相脉冲（集电极开路），编码器的零点信号以集电极开路输出方式输出，如图 3-1-20 所示。

LZ/LZR（CN1-8/CN1-9）：仅在速度控制模式和转矩控制模式时，为编码器 Z 相脉冲（差分线路驱动器），当在位置控制模式时，与定位模块（或上位控制器）的零点信号端子相连，编码器的零点信号以差动输出方式输出。伺服电动机 1 转输出 1 脉冲，到零点位置时 ON（负逻辑）最小脉冲宽约为 400 μs。使用此脉冲进行原点归位时，请将蠕变速度设置在 100 r/min 以下，如图 3-1-21 所示。

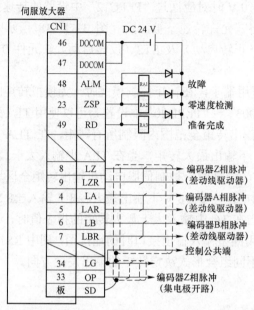

图 3-1-20　编码器在速度（转矩）控制模式时漏型（源型）输入/输出接口

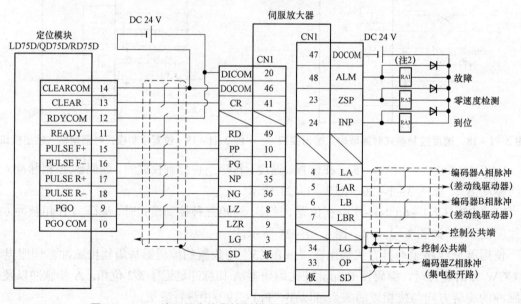

图 3-1-21　编码器在位置控制模式时漏型（源型）输入/输出接口

3）伺服驱动器的安装和系统配线

伺服驱动器与伺服电动机的连线不能拉紧。固定伺服驱动器时，必须在每个固定处确实锁紧。安装方向必须依规定，否则会造成故障。为了使冷却循环效果良好，安装伺服驱动器时，其上下左右与相邻的物品和挡板（墙）必须保持足够的空间，否则会造成故障。伺服驱动器在安装时其吸排气孔不可封住，也不可颠倒放置，否则会造成故障。三菱 MR-JE-10A 伺服驱动器的系统结构和配线如图 3-1-22 所示。

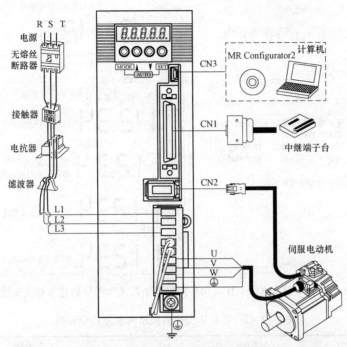

图 3 – 1 – 22　三菱 MR – JE – 10A 伺服驱动器的系统结构和配线

说明:

（1）MR – JE – 10A 支持单相 AC 200～240 V。使用单相 AC 200～240 V 电源时，请将电源连接至 L1 和 L3，不要在 L2 上做任何连接。

（2）在工业应用中，电源和伺服驱动器的电源端子间需连接交流接触器，并使伺服驱动器的电源侧能够在过电流等故障时确保切断电源。若未连接交流接触器，在伺服驱动器发生故障、持续通过大电流时，可能会造成火灾。

4）三菱 MR – JE – 10A 伺服驱动器操作面板的显示及操作

三菱 MR – JE – 10A 伺服驱动器通过显示部分（5 位 7 段 LED）和操作部分（4 个按键）对伺服放大器的状态、报警、参数等进行显示和设置操作，如图 3 – 1 – 23 所示。此外，同时按下 MODE 与 SET 键 3 s 以上，即跳转至一键式调整模式。

按下 MODE 键一次后将会进入到下一个显示模式。各显示模式的显示内容及功能说明如表 3 – 1 – 2 所示。

运行中的伺服放大器状态能够显示在 5 位 7 段 LED 显示器上。通过 UP 或 DOWN 按键可以对内容进行变更。显示所选择的符号，在按下 SET 键之后将会显示其数据。通过 MODE 按键进入各参数模式，在按下 UP 或 DOWN 键之后显示内容将按照图 3 – 1 – 24 所示的顺序进行转换。

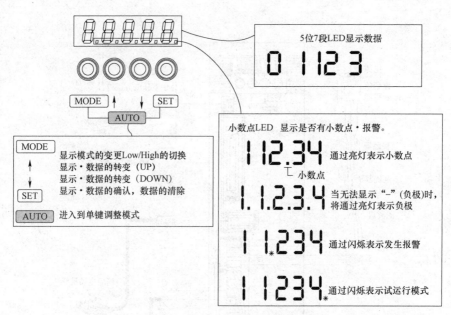

图 3-1-23　三菱 MR-JE-10A 伺服驱动器操作面板的显示和设置操作

表 3-1-2　各显示模式的显示内容及功能说明

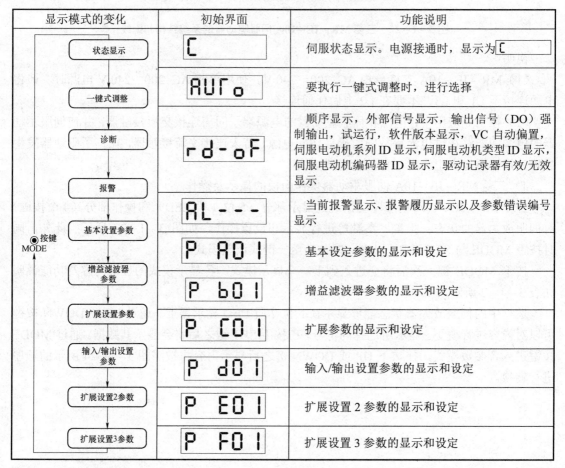

显示模式的变化	初始界面	功能说明
状态显示	C	伺服状态显示。电源接通时,显示为 C
一键式调整	AUГo	要执行一键式调整时,进行选择
诊断	rd-oF	顺序显示,外部信号显示,输出信号(DO)强制输出,试运行,软件版本显示,VC 自动偏置,伺服电动机系列 ID 显示,伺服电动机类型 ID 显示,伺服电动机编码器 ID 显示,驱动记录器有效/无效显示
报警	AL---	当前报警显示、报警履历显示以及参数错误编号显示
基本设置参数	P A01	基本设定参数的显示和设定
增益滤波器参数	P b01	增益滤波器参数的显示和设定
扩展设置参数	P C01	扩展参数的显示和设定
输入/输出设置参数	P d01	输入/输出设置参数的显示和设定
扩展设置2参数	P E01	扩展设置 2 参数的显示和设定
扩展设置3参数	P F01	扩展设置 3 参数的显示和设定

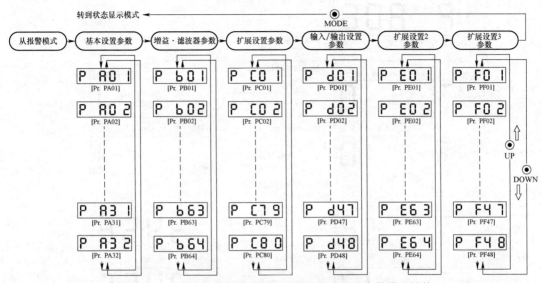

图 3 - 1 - 24   三菱 MR - JE - 10A 伺服驱动器的参数模式转换

面板操作方法：

（1）5 位以下的参数。

通过"Pr.PA01 运行模式"变更为速度控制模式时，接通电源后的操作方法示例如图 3 - 1 - 25 所示。按下 MODE 键进入基本设置参数画面。

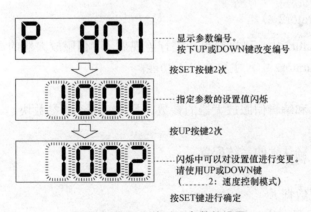

图 3 - 1 - 25   5 位以下参数的设置

按 UP 或 DOWN 键移动到下一个参数。更改"Pr.PA01"需要在修改设置值后关闭一次电源，在重新接通电源后更改才会生效。

（2）6 位以上的参数。

将"Pr.PA06 电子齿轮分子"变更为"123456"时的操作方法如图 3 - 1 - 26 所示。

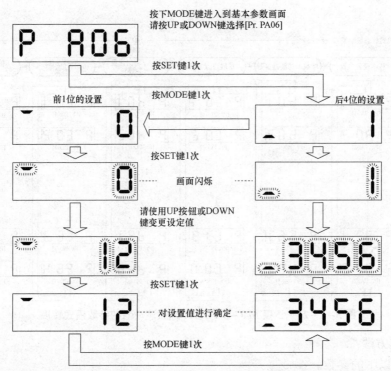

图 3-1-26 将 "Pr.PA06 电子齿轮分子" 变更为 "123456" 时的操作方法

3.1.4 伺服驱动器软件 MR Configurator2 应用

1. MR Configurator2 功能

在 MR Configurator2 中,可以简单地进行监视显示、伺服放大器的调整、参数的写入或读取等。MR Configurator2 中,主要有以下功能。

1) 设置

参数设置:显示和编辑伺服放大器的参数。另外,可设置参数块。

2) 诊断

系统配置显示,确认轴的系统配置。

3) 监视

批量显示:监视数据。

输入/输出监视显示:实时显示伺服放大器软元件的 ON/OFF。

图表显示:测量伺服放大器的监视数据并显示图表。

4) 测试运行

JOG 运行:将电动机以用户指定的电动机转速、加减速时间常数进行旋转。

定位运行:将电动机以用户指定的电动机转速、加减速时间常数、移动量进行旋转。

DO 强制输出:与外部输入无关,开启/关闭输出信号。

程序运行:按照用户设置的程序进行定位运行。

无电动机运行:即使在未连接伺服放大器时,仍在伺服放大器内部模拟伺服电动机的动作。

5）调整

调谐：调整增益参数，根据目的进行操作设置。

高级增益搜索：即使没有专业知识，也可自动进行符合机械的伺服调整。

6）故障处理

报警显示：发生报警或警告时，显示详细内容。

不旋转的原因显示：显示伺服电动机不旋转的原因。

2. MR Configurator2 与伺服驱动器的连接

根据伺服驱动器不同的型号系列以及模块的不一样，MR Configurator2 与伺服驱动器的连接方法主要有 USB 连接、RS-422（RS-232C）连接、Ethernet 连接、总线连接这几种方式。

3. 画面组成及主要功能基本操作

MR Configurator2 软件使用内容比较多，我们在使用时要仔细阅读相关的使用说明书和手册，参照工艺规程进行一些相应的设置，这里只简单介绍一点基本操作。

1）主画面

主画面结构如图 3-1-27 所示，主要由菜单栏、工具栏、工作窗口、折叠窗口、工程窗口、伺服助手、停靠帮助、状态栏等组成。

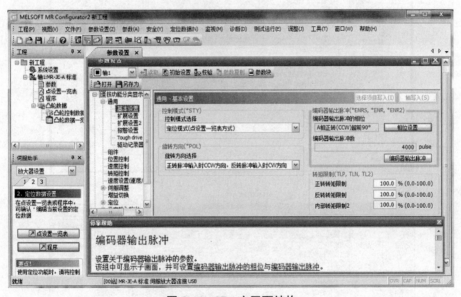

图 3-1-27 主画面结构

2）主要功能操作

（1）读取参数。

第一步："工具栏"→单击"读取"按钮，如图 3-1-28（a）所示。

第二步：轴设置画面中，选择读取对象的轴并单击"读取"按钮，如图 3-1-28（b）所示。

第三步：从伺服放大器中获取参数，并反映到"参数设置"画面中，如图 3-1-28（c）所示。

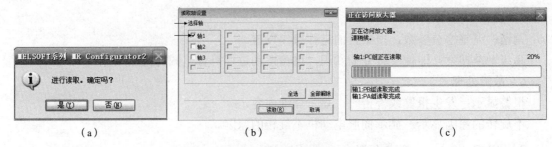

（a）　　　　　　　　　（b）　　　　　　　　　（c）

图 3−1−28　读取参数

（a）单击"读取"按钮；（b）轴设置；（c）获取参数

（2）写入参数。

第一步：在"参数设置"画面中选择要写入的轴，如图 3−1−29（a）所示。

第二步：单击"轴写入"按钮。

第三步：轴选择画面中选择写入对象的轴并单击"写入"按钮，如图 3−1−29（b）所示。

第四步：将"参数设置"画面中显示的有效参数写入伺服放大器中。

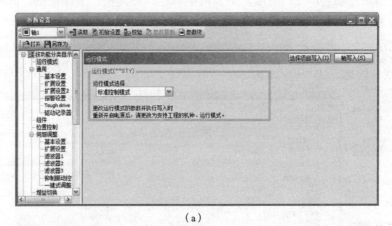

（a）

No.	简称	名称	单位	设置范围	轴1
PA01	**STY	运行模式		1000-1262	1000
PA02	**REG	再生选件		0000-70FF	0000
PA03	*ABS	绝对位置检测系统		0000-0001	0000
PA04	*AOP1	功能选择A-1		0000-2130	2000
PA05	*FBP	制造商设置用		10000-10000	10000
PA06	*CMX	电子齿轮分子		1-16777215	1
PA07	*CDV	电子齿轮分母		1-16777215	1
PA08	ATU	自动调谐模式		0000-0004	0001
PA09	RSP	自动调谐响应性		1-40	16
PA10	INP	到位范围	pulse	0-65535	1600
PA11	TLP	正转转矩限制	%	0.0-1000.0	1000.0
PA12	TLN	反转转矩限制	%	0.0-1000.0	1000.0
PA13	AOP2	制造商设置用		0000-0000	0000
PA14	*POL	旋转方向选择		0-1	0
PA15	*ENR	编码器输出脉冲	pulse/rev	1-4194304	4000
PA16	*ENR2	编码器输出脉冲2		1-4194304	1
PA17	**MSR	制造商设置用		0000-FFFF	0000

（b）

图 3−1−29　写入参数

（a）选择要写入的轴；（b）单击"写入"按钮

（3）进行 JOG 运行。

设置电动机转速与加减速时间常数，并开始运行。

电动机转速与加减速时间常数的设置范围，通过伺服放大器中获取的值进行初始化。伺服放大器中未能获取时将输入默认值。

按下"正转"按钮或"反转"按钮期间，继续运行。不按按钮或光标偏离了按钮时，中止运行，如图 3-1-30 所示。

第一步：通过直接输入或单击设置运行时的电动机转速或加减速时间常数。

第二步：单击"正转"按钮、"反转"按钮时，开始运行。

第三步：运行中单击"停止"按钮时，停止运行。

第四步：运行中、停止中按下 Shift 键时，与单击"强制停止"按钮相同，强制停止伺服放大器。

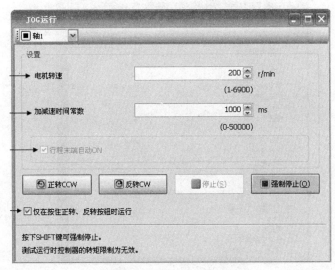

图 3-1-30　JOG 运行

（4）批量显示。

① 设置监视数据。

设置"批量显示"画面中显示的轴、监视数据项目。

第一步："批量显示"画面→选择"监视设置"的工具栏或菜单，如图 3-1-31（a）所示，显示"监视设置"画面。

第二步：选中想要显示的轴、监视数据项目的复选框，单击"确定"按钮，将画面的设置反映到"参数显示"画面，如图 3-1-31（b）所示。

② 监视多个轴的监视数据。显示监视数据用来显示"监视设置"子画面中选择的轴、监视数据项目所对应的数据，如图 1-3-32 所示。

（a）　　　　　　　　　　　　　　（b）

图 3-1-31　设置监视数据

（a）"批量显示"画面；（b）"监视设置"画面

图 3-3-32　监视监视数据

任务实施

根据本任务要求，结合学过的知识和技能，按照按以下流程完成本项目任务。

1. 无负载检测

为了避免对伺服驱动器或机构造成伤害，请先将伺服电动机所连接的负载移除（包括伺服电动机轴心上的联轴器及相关配件，主要是为避免伺服电动机在运行过程中电动机轴心未拆解的配件飞脱，间接造成人员伤害或设备损坏）。若移除伺服电动机所连接的负载后，根据正常操作程序，能够使伺服电动机正常运行起来，之后即可将伺服电动机的负载连接上。

请逐一检查电动机和驱动器外观、螺栓和配线等，以便在电动机运行前早一步发现问题并及早解决，以免电动机开始运行后造成损坏。

1）识别伺服电动机的铭牌等信息

操作步骤：仔细观察实训室伺服电动机铭牌，查阅相关资料手册或上网搜索，记录信息于表 3-1-3 中。

表 3-1-3　伺服电动机认识记录表

品牌及系列号	型号	出厂编号	输入电压	输入电流
输出最高转速	输出最大扭矩	输出功率	编码器线数	

2）识别伺服驱动器的铭牌等信息

仔细观察实训室伺服驱动器铭牌，查阅相关资料手册或上网搜索，记录信息于表 3-1-4 中。

表 3-1-4　伺服驱动器认识记录表

品牌及系列号	型号	容量	输入电源相数	输入电压
输入电流	输入频率	输出电压	输出电流	输出频率范围

2. 空载 JOG 测试

1）完成伺服驱动器和伺服电动机的电气连接

（1）参照图 1-3-32 所示位置控制模式的电气原理图，绘制出 FX5U PLC 与 MR-JE-10A 伺服驱动器以及 HG-KN13J-S100 伺服电动机构成的单轴控制系统电气原理图（用漏型输入/输出接口）。

（2）根据自己设计绘制的原理图检测正确无误后，完成电气接线。

2）JOG 运行

按照前述内容进行手动 JOG 操作，让伺服电动机运转起来。JOG 方式以所设定的点动速度做等速度移动，可以不需要接额外配线而非常方便地试运行伺服电动机及伺服驱动器。为了安全起见，点动速度建议设置为低转速，如果带负载需将 EM2（强制停止 2）、LSP（正转行程末端）以及 LSN（反转行程末端）置为 ON 状态。

任务总结

通过本任务的学习要掌握在伺服电动机和伺服驱动器的应用系统中如何调整相关参数来保证设备的正常运行，注意伺服系统的调试规范。一定要学会阅读有关手册。

任务 3.2 伺服系统在位置控制模式下的应用

任务目标

本任务主要是利用 PLC 控制伺服电动机系统实现取料和放料。任务具体要求为：有一单轴系统由交流伺服驱动器及交流伺服电动机和传动机构组成，其工作示意图如图 3－2－1 所示。丝杠的螺距是 5 mm，脉冲当量是 1 μm，开始取料位置距离原点为 100 mm，结束放料位置距离原点位置 500 mm。设备上电后根据需要通过触摸屏操作，有手动控制与自动控制。手动控制时，按下正向或反向点动按钮，伺服电动机能够正向或反向点动运行，可以手动回原点以及轴错复位操作。自动控制时，按下启动按钮，伺服控制系统首先回原点，然后在开始取料位置和放料位置之间执行定位控制运行，反复循环。按下停止按钮，伺服电动机停止运行。

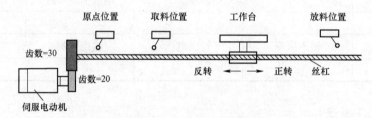

图 3－2－1 系统工作示意图

通过这个任务的完成达到以下教学目标。

1. 知识目标

（1）学习与掌握伺服位置控制模式。

（2）学习与掌握电子齿轮。

2. 技能目标

（1）会进行伺服位置控制系统电气接线、参数设置。

（2）会进行伺服位置控制系统程序设计、调试运行。

任务分析

本任务主要是在前面所学有关伺服电动机和伺服驱动器知识的基础上，利用 PLC 来完成系统运行控制。这个任务主要是学习伺服驱动器在位置控制方式下如何进行设置和电子齿轮闭的有关计算，通过教师的讲授，引导学生学会查阅有关资料完成本任务。

知识准备

伺服驱动器提供位置、速度、转矩三种基本控制模式，可使用单一控制模式，也可选择使用混合模式来进行控制。速度控制和转矩控制一般用模拟量来控制，也可以用端子配合参数来控制；位置控制是通过脉冲来控制的。如果对电动机的速度、位置都没有要求，只要求输出一个恒转矩，应使用转矩控制模式。如果对位置和速度有一定的精度要求，而对实时转矩不是很关心，使用转矩控制模式不太方便，使用速度或位置控制模式比较好。如果上位控制器有比较好的闭环控制功能，使用速度控制模式效果会好一点。如果本身要求不是很高，或者基本没有实时性的要求，应使用位置控制模式。就伺服驱动器的响应速度来看，转矩控制模式运算量最小，伺服驱动器对控制信号的响应最快；位置控制模式运算量最大，伺服驱动器对控制信号的响应最慢。

3.2.1 位置控制

位置控制模式一般是通过外部输入脉冲的频率来确定转动速度的大小，通过脉冲的个数来确定转动的角度，也有些伺服系统可以通过通信方式直接对速度和位移进行赋值。由于位置控制模式对速度和位置都有很严格的控制，所以一般应用于精密定位装置，应用领域如数控机床、印刷机械等。

1. 位置控制模式标准接线

三菱 MR-JE-10A 伺服驱动器在使用漏型输入/输出接口时，与 FX5U PLC 在位置控制模式下的标准接线图如图 3-2-2 所示。与定位模块的接线可参考相关资料。

图 3-2-2 中各端子功能请参照任务 3.1 中的说明或参考相关资料；这里主要说明与 FX5U PLC 相连接端子功能。

PP（CN1-10）：输入指令正转脉冲串；或在"脉冲+方向"模式下作为脉冲信号，接 PLC 输出的脉冲信号端子。

NP（CN1-35）：输入指令反转脉冲串脉；或在"脉冲+方向"模式下作为脉冲方向信号，接 PLC 输出的脉冲信号方向端子。

CR（CN1-41）：滞留脉冲清零；当 CR 为 ON 时，则在上升沿时清除位置控制计数器的滞留脉冲数据。

INP（CN1-24）：到位信号；功能是滞留脉冲在已设定的到位范围内时 INP 为 ON。

RD（CN1-49）：伺服准备完成；伺服为 ON，进入可运行状态，RD 就开启。

OP（CN1-33）：编码器的零点信号；以集电极开路输出方式输出。

LG（CN1-3）：控制公共端；是 TLA、TC、VC、VLA、OP、MO1、MO2 的公共端子。相同功能的端子各引脚在内部连接。

SD（面板上端子）：屏蔽连接屏蔽线的外部导体。

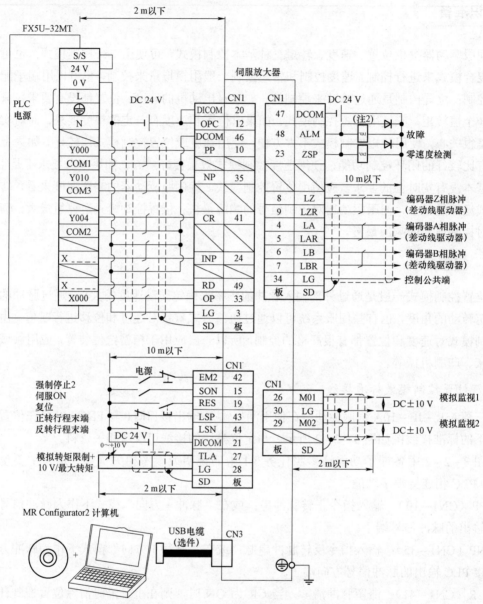

图 3-2-2　三菱 MR-JE-10A 伺服驱动器在位置控制模式下的接线图

2. 位置控制模式伺服驱动器参数设置

对于位置控制模式，主要变更基本设置参数（"Pr.PA__"）就能够使用。如果还有其他要求，根据需要再设定其他参数。三菱 MR-JE-10A 伺服驱动器位置控制模式常用的相关参数如表 3-2-1 所示。其他参数功能及含义可参考相关手册资料。

表 3-2-1　三菱 MR-JE-10A 伺服驱动器位置控制常用的相关参数

编号/简称/名称	设定位	功能及含义	初始值（单位）
PA01/ STY/ 运行模式	－－－x	控制模式选择 0：位置控制模式；1：位置控制模式与速度控制模式； 2：速度控制模式；3：速度控制模式与转矩控制模式； 4：转矩控制模式；5：转矩控制模式与位置控制模式	1 000 h
PA02/ REG/ 再生选件	－－x x	00：不使用再生选购件（200 W 以下的伺服放大器不使用再生电阻器，0.4～3 kW 的伺服放大器使用内置再生电阻器）； 02：MR-RB032；03：MR-RB12；04：MR-RB32； 05：MR-RB30；06：MR-RB50（需要冷却风扇）	0000 h
PA04/ AOP/ 功能选择 A-1	x －－－	强制停止减速功能选择 0：强制停止减速功能无效（使用 EM1）； 2：强制停止减速功能有效（使用 EM2）	2 000 h
PA05/ FBP/ 每转指令输入脉冲数		根据设定的指令输入脉冲伺服电动机旋转 1 圈。 当在 "Pr.PA21" 的 "电子齿轮选择" 中选择 "1 转的指令输入脉冲数（1＿＿＿）" 时，此参数的设置值有效。设置范围：1 000～1 000 000	10 000
PA06/ CMX/ 电子齿轮分子（指令脉冲倍率分子）		设定电子齿轮分子和分母。 此参数在 "Pr.PA21" 的 "电子齿轮选择" 中选择 "电子齿轮（0＿＿＿）" 时有效。电子齿轮的设定范围大致如下：	1
PA07/ CDV/ 电子齿轮分母（指令脉冲倍率分母）		$$\frac{1}{10}<\frac{CMX}{CDV}<4\ 000$$ 设置范围：1～16 777 215； 具体计算与设置见后面内容	1
PA08/ ATU/ 自动调整模式	－－－x	增益调整模式选择 0：2 增益调整模式 1（插补模式）； 1：增益调整模式 1； 2：增益调整模式 2； 3：手动模式； 4：2 增益调整模式 2	0001 h
PA09/ RSP/ 自动调整响应性		对自动调谐的响应性进行设定	16
PA10/ INP/ 到位范围		以指令脉冲为单位设定到位范围。 可以通过 "Pr.PC24" 的设置变更为伺服电动机编码器脉冲单位。 设置范围：0～65 535	100 "pulse"
PA11/ TLP/ 正转转矩限制		通过模拟监视器输出对转矩进行输出时，"Pr.PA11 正转转矩限制" 及 "Pr.PA12 反转转矩限制" 中值较大的转矩为最大输出电压（8 V）。	100.0 [%]
PA12/ TLN/ 反转转矩限制		按照最大转矩＝100.0 [%] 进行设置。在限制伺服电动机的 CCW 运行时、CW 再生时的转矩设定。设定为 "0.0" 时，不会发生转矩。设置范围：0.0～100.0	100.0 [%]

编号/简称/名称	设定位	功能及含义	初始值（单位）
PA13[①]/ PLSS/ 指令脉冲输入形态	_ _ _ x	指令输入脉冲串形态选择。 0：正转，反转脉冲串；1：带符号脉冲串； 2：A 相、B 相脉冲串	0100 h
	_ _ x _	脉冲串逻辑选择。 0：正逻辑；1：负逻辑	
	_ x _ _	指令输入脉冲串滤波器选择。通过选择和指令脉冲频率匹配的滤波器，能够提高耐干扰能力。 0：指令输入脉冲串在 4 Mpulse/s 以下时； 1：指令输入脉冲串在 1 Mpulse/s 以下时； 2：指令输入脉冲串在 500 kpulse/s 以下时； 3：指令输入脉冲串在 200 kpulse/s 以下时	
PA14[②]/ POL/ 旋转方向选择		选择与输入的脉冲列相对的伺服电动机的旋转方向。 设定范围：0，1	0
PA15/ ENR/ 编码器输出脉冲		通过每转的输出脉冲数、分配比或电子齿轮比设定伺服电动机输出的编码器输出脉冲（乘以 4 后）。 对在"Pr.PC19"的"编码器输出脉冲设置选择"中选择"A 相、B 相，脉冲电子齿轮设置（_ _ 3 _）"时的电子齿轮的分子进行设置。输出最大频率为 4.6 Mpulse/s。在未超出的范围内进行设定。 设置范围：1～4 194 304	4 000 "pulse/r"
PA16/ ENR2/ 编码器输入脉冲 2		设定 A、B 相脉冲输出的电子齿轮分母。 对在"Pr.PC19"的"编码器输出脉冲设置选择"中选择"A 相、B 相，脉冲电子齿轮设置（_ _ 3 _）"时的电子齿轮的分子进行设置。 设置范围：1～4 194 304	1
PA23/ DRAT/ 驱动记录器任意报警触发器设定	_ _ x x	报警详细编号设定。 在驱动记录器功能中要通过任意报警详细编号实施触发时进行设定。当此位为"0 0"时，只有任意报警编号设置为有效	0000 h
	x x _ _	报警编号设定。 在驱动记录器功能中要通过任意报警编号实施触发时进行设定。当选择"0 0"时，驱动记录器的任意报警触发将无效	
PA24/ AOP4/ 功能选择 A－4	_ _ _ x	振动抑制模式选择。 0：标准模式；1：3 惯性模式；2：低响应模式	0000 h
PD01/ DIA1/ 输入信号自动 ON 选择 1	_ _ _ x （HEX）	_ x _ _（BIN）：SON（伺服 ON）； 0：无效（在外部输入信号中使用）； 1：有效（自动开启）	0000 h
PD01/ DIA1/ 输入信号自动 ON 选择 1	_ x _ _ （HEX）	_ x _ _（BIN）：LSP（正转行程末端）； 0：无效（在外部输入信号中使用）； 1：有效（自动开启）	0000 h

续表

编号/简称/名称	设定位	功能及含义	初始值（单位）
PD01/ DIA1/ 输入信号自动ON选择1	_ x _ _ （HEX）	x _ _ _（BIN）：LSN（反转行程末端）； 0：无效（在外部输入信号中使用）； 1：有效（自动开启）	0000 h
PD03/ DI1L/ 输入软元件选择 1L	_ _ x x	位置控制模式软元件选择； 可以将任意的输入软元件分配到 CN1 – 15 引脚上	0202 h
PD11/ DI5L/ 输入软元件选择 5L	_ _ x x	位置控制模式软元件选择 可以将任意的输入软元件分配到 CN1 – 19 引脚上	0703 h
PD13/ DI6L/ 输入软元件选择 6L	_ _ x x	位置控制模式软元件选择 可以将任意的输入软元件分配到 CN1 – 41 引脚上	0806 h
PD17/ DI8L/ 输入软元件选择 8L	_ _ x x	位置控制模式软元件选择 可以将任意的输入软元件分配到 CN1 – 43 引脚上	0A0A h
PD19/ DI9L/ 输入软元件选择 9L	_ _ x x	位置控制模式软元件选择 可以将任意的输入软元件分配到 CN1 – 44 引脚上	0B0B h

注①：指令输入脉冲串形态选择参考如表 3 – 2 – 2 所示。
　　②：伺服电动机的旋转方向如表 3 – 2 – 3 所示。

表 3 – 2 – 2　指令输入脉冲串形态选择参考

设置值	脉冲串形态		正转指令时	反转指令时
_ _ 1 0 h	负逻辑	正转脉冲串 反转脉冲串		
_ _ 1 1 h		脉冲串 + 方向信号		
_ _ 1 2 h		A 相脉冲串 B 相脉冲串		
_ _ 0 0 h	正逻辑	正转脉冲串 反转脉冲串		
_ _ 0 1 h		脉冲串 + 方向信号		
_ _ 0 2 h		A 相脉冲串 B 相脉冲串		

表 3-2-3　伺服电动机的旋转方向

设置值	伺服电动机旋转方向	
	正转脉冲输入时	反转脉冲输入时
0	CCW	CW
1	CW	CCW

伺服电动机的旋转方向如图 3-2-3 所示。

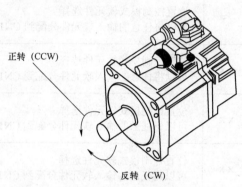

正转（CCW）

反转（CW）

图 3-2-3　伺服电动机的旋转方向

3．位置控制模式电子齿轮

1）编码器分辨率

编码器分辨率即伺服电动机的编码器的分辨率，也就是伺服电动机旋转一圈，编码器所能产生的反馈脉冲数。编码器分辨率是一个固定的常数，伺服电动机选好后，编码器分辨率也就固定了。

2）丝杠螺距

丝杠即螺纹式的螺杆，电动机旋转时带动丝杠旋转，丝杠旋转后，可带动工作台做前进或后退的动作，如图 3-2-4 所示。

连轴器　　　工作台（滑台）

伺服电动机　　　丝杠

图 3-2-4　伺服电动机直接带动丝杠示意图

丝杠的螺距即相邻的螺纹之间的距离。实际上丝杠的螺距即丝杠旋转一周工作台所能移动的距离。螺距是丝杠的固有参数，是一个常量。

3）脉冲当量

脉冲当量即上位机（PLC）发出一个脉冲，实际工作台所能移动的距离。因此脉冲当量也就是伺服系统的精度。

比如，脉冲当量规定为 1 μm，则表示上位机（PLC）发出一个脉冲，实际工作台可以移动 1 μm。因为 PLC 最少只能发一个脉冲，因此伺服系统的精度就是脉冲当量的精度，也就是 1 μm。

了解了以上一些概念及参数，我们下面来看看伺服电动机与不同传动机构相连接时电子齿轮该如何计算。

例 1　以图 3−2−4 为例，伺服电动机上编码器分辨率为 131 072，丝杠螺距是 10 mm，脉冲当量为 10 μm，计算电子齿轮是多少？

解： 脉冲当量为 10 μm，表示 PLC 发一个脉冲工作台可以移动 10 μm，那么要让工作台移动一个螺距（10 mm），则 PLC 需要发出 1 000 个脉冲。那么工作台移动一个螺距，丝杠需要转一圈，伺服电动机也需要转一圈，伺服电动机转一圈编码器能产生 131 072 个脉冲。

根据： PLC 发的脉冲数 × 电子齿轮 = 编码器反馈的脉冲数

$$1\ 000 \times 电子齿轮 = 131\ 072$$

$$电子齿轮 = 131\ 072/1\ 000$$

例 2　如图 3−2−5 所示，伺服电动机通过变速机构和丝杠相连，伺服编码器分辨率为 131 072，丝杠的螺距是 5 mm，脉冲当量是 1 μm，求电子齿轮是多少。

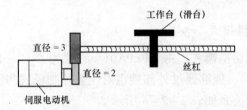

图 3−2−5　伺服电动机通过变速机构带动丝杠示意图

解： 脉冲当量为 1 μm，表示 PLC 发一个脉冲工作台可以移动 1 μm，那么要让工作台移动一个螺距（5 mm），则 PLC 需要发出 5 000 个脉冲。要丝杠转动一周，由于有变速机构的作用，电动机要转 3/2 周。所以上位机发脉冲的个数是 5 000，电动机反馈回来的脉冲是 131 072 × 3/2。

$$5\ 000 \times 电子齿轮 = 131\ 072 \times 3/2$$

$$电子齿轮 = 24\ 576/625$$

例 3　如图 3−2−6 所示，伺服电动机通过带传动与转盘连接时，假设要求脉冲当量是 0.01°，伺服编码器分辨率为 131 072，求电子齿轮是多少？

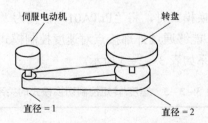

图 3−2−6　伺服电动机带动转盘示意图

解： 脉冲当量为 0.01°，表示 PLC 发一个脉冲转盘可以转动 0.01°，由于图 3−2−6 中伺服电动机和转盘连接的轴直径不同，所以要让转盘旋转一周 360°，伺服电动机要转动两周，则 PLC 需要发出 36 000 个脉冲，相当于 PLC 发出 36 000 个脉冲，转盘可以旋转一周，而此时伺服电动机却要转动两周，故伺服电动机反馈脉冲数是 131 072 × 2。

$$36\ 000 \times 电子齿轮 = 131\ 072 \times 2$$

$$电子齿轮 = 8\ 192/1\ 125$$

通过上面几个实例可以看出，如果伺服电动机和机构连接的方式如果不一样，在计算电子齿轮时注意区别。

4）三菱 MR‐JE‐10A 伺服驱动器电子齿轮比设定

三菱 MR‐JE‐10A 伺服驱动器每旋转一圈的指令脉冲数和电子齿轮比的设定如表 3‐2‐2 所示。

3.2.2 混合控制模式

除了单一控制模式以外，伺服驱动器也提供混合模式可供选用。三菱 MR‐JE‐10A 伺服驱动器混合控制模式有位置/速度控制切换模式、速度/转矩控制切换模式、转矩/位置控制切换模式。所谓混合控制模式是指在两种控制模式间切换，伺服电动机同一时刻只能工作在一种控制模式下。

1. 位置/速度控制切换模式

要使用位置/速度控制切换模式，将"Pr.PA01"设置为"＿＿＿ 1"。

使用 LOP（控制切换），能够通过外部接点对位置控制模式和速度控制模式进行切换。位置/速度控制切换模式的关系如表 3‐2‐4 所示。

表 3‐2‐4　位置/速度控制切换模式的关系

LOP	控制模式
0	位置控制模式
1	速度控制模式

控制模式的切换在零速度状态时可以进行。但是，为保证安全请在伺服放大器停止后进行切换。从位置控制模式切换到速度控制模式时，删除滞留脉冲。

2. 速度/转矩控制切换模式

要使用速度/转矩控制切换模式时，将"Pr.PA01"设置为"＿＿＿ 3"。

使用 LOP（控制切换），能够通过外部接点对速度控制模式和转矩控制模式进行切换。速度/转矩控制切换模式的关系如表 3‐2‐5 所示。

表 3‐2‐5　速度/转矩控制切换模式的关系

LOP	控制模式
0	速度控制模式
1	转矩控制模式

3. 转矩/位置控制切换模式

要使用转矩/位置控制切换模式时，将"Pr.PA01"设置为"＿＿＿5"。

使用 LOP（控制切换），能够通过外部接点对转矩控制模式与位置控制模式进行切换。转矩/位置控制切换模式的关系如表 3−2−6 所示。

表 3−2−6　转矩/位置控制切换模式的关系

LOP	控制模式
0	转矩控制模式
1	位置控制模式

控制模式的切换在零速度状态时可以进行。但是，为保证安全请在伺服放大器停止后进行切换。从位置控制模式切换到转矩控制模式时，删除滞留脉冲。

任务实施

根据本任务要求，结合学过的知识和技能，按照以下流程完成本项目任务。

（1）根据控制要求画出控制系统原理图并完成硬件连接。

根据任务要求经过工作过程分析得到如表 3−2−7 所示的 PLC I/O 地址分配表。

表 3−2−7　PLC I/O 地址分配表

输入		输出	
正向点动按钮 SB0	X0	脉冲信号输出	Y0
反向点动按钮 SB1	X1	脉冲方向输出	Y4
启动按钮 SB2	X2	伺服 ON 信号	Y5
停止按钮 SB3	X3	清除滞留脉冲	Y6
原点回归按钮 SB4	X4		
原点位置传感器 BG	X5		

本系统主要由 FX5U−32MT、三菱 MR−JE−10A 伺服驱动器、HG−KN_−S100 伺服电动机、三菱 GS2107 触摸屏、按钮、位置传感器（行程开关）、指示灯等组成。根据 I/O 分配表，伺服控制位置模式电气原理图如图 3−2−7 所示，图中 SQ1、SQ2 为正反向行程末端的两个安全传感器，当这两个安全传感器为接通时，伺服驱动器才能正常工作，这两个传感器相当于一个硬件安全保护措施；SB5 为伺服强制停止按钮，伺服正常工作时应为常 ON；为了方便调试操作增加了紧急停止按钮以及伺服本身的启动和停止按钮。根据工艺规范要求连接好硬件设备。

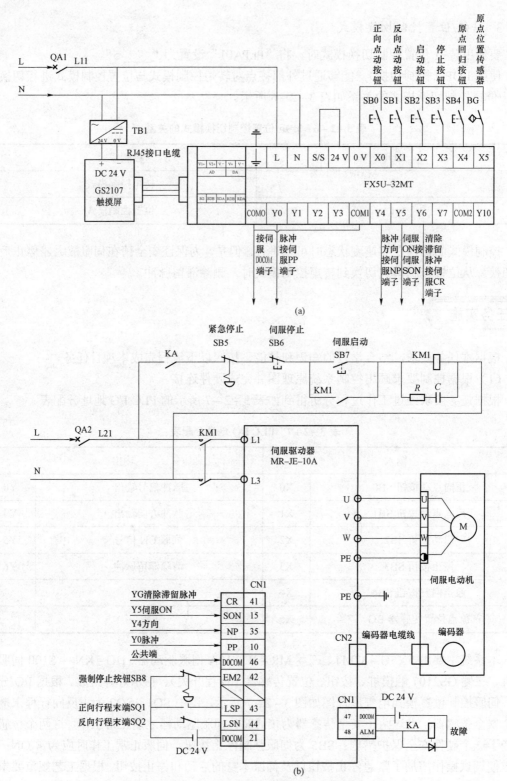

图 3-2-7 伺服控制位置模式电气原理图

（a）PLC 外部接线原理图；（b）伺服驱动器原理图

（2）触摸屏设计。

任务中要求有手动和自动两种操作方式，由于每种操作的界面都比较简单，所以我们可以将这两种操作方式放在一个界面。触摸屏的设计我们前面已经学习过，本任务主要是关联一些数据就可以。其操作方法和步骤参照情境 1，相关软元件的关联为轴错误复位按钮 M200，轴正向、反向 JOG 按钮 M201、M203，回原点按钮 M210，启动按钮 M220，停止按钮 M230，运行速度设定 D300。设计出的控制系统触摸屏画面如图 3-2-8 所示。

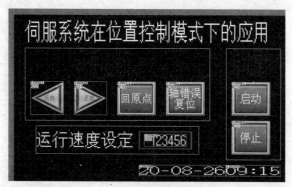

图 3-2-8　控制系统触摸屏画面

（3）PLC 程序设计。

在三菱 FX5U PLC 的指令中是没有点动指令的，但是，点动功能在设备调试和运行中是非常重要的功能，因此，一个合格的设备必须带点动功能。在 FX5U 中，可以使用速度控制指令来实现点动功能。

开始程序设计前要进行一些必要的数据计算，包括运行所需脉冲数及电子齿轮比等。本项目任务选用的伺服电动机型号为 HG-KN_-S100，该型号的伺服电动机编码器分辨率为131 072，根据任务要求以及所学知识我们可以知道

$$电子齿轮 = 131\ 072 \times \frac{30}{20} \times \frac{1\ \mu m}{5\ mm} = 131\ 072 \times \frac{3}{2} \times \frac{1}{5\ 000} = \frac{24\ 576}{625}$$

由于丝杠的螺距是 5 mm，脉冲当量是 1 μm，开始取料位置距离原点 100 mm，结束放料位置距离原点位置 500 mm，所以从原点位置运行到开始取料位置所需脉冲数为

$$\frac{100\ mm}{1\ \mu m} = 100\ 000\ 个$$

从取料位置运行到放料位置所需脉冲数为

$$\frac{500\ mm - 100\ mm}{1\ \mu m} = 400\ 000\ 个$$

虽然本项目我们使用的是所谓"脉冲+方向"形式，但实际上 FX5U PLC 本身就包含定位指令，在程序设计中我们只需要指定高速输出的脉冲端子和方向端子就可以了，在使用定位指令 DRVA 或 DRVI 中不需要刻意去输出脉冲和方向，只要指定轴 1 就可以了，参考程序如图 3-2-9 所示。

（4）设备上电，伺服系统参数设置，触摸屏和 PLC 程序下载，系统整体调试。

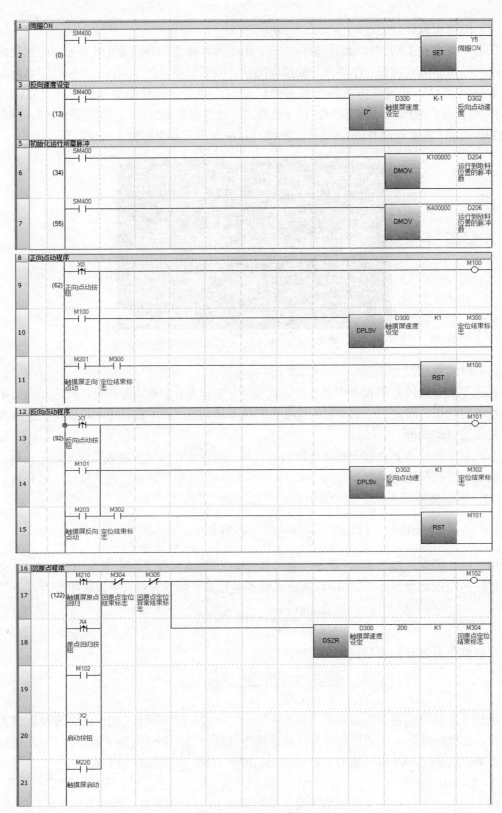

图 3-2-9　参考程序

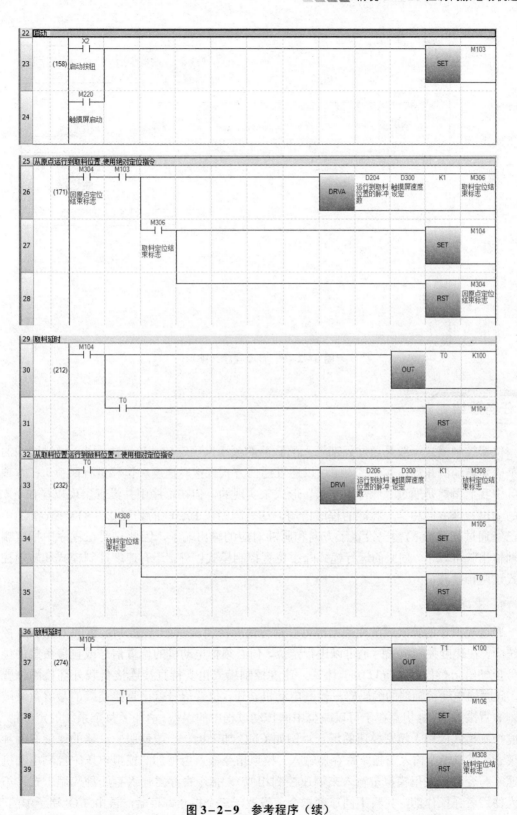

图 3-2-9　参考程序（续）

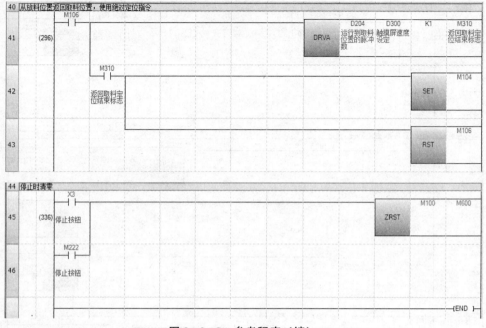

图 3-2-9　参考程序（续）

任务总结

位置控制模式一般是通过外部输入的脉冲的频率来确定转动速度的大小，通过脉冲的个数来确定转动的角度，也有些伺服可以通过通信方式直接对速度和位移进行赋值。在本项目任务中我们虽然是通过"脉冲＋方向"形式来实现的，但在程序中并没有出现以往在 FX2N 中的输出一个方向和一个脉冲的程序语句，这是因为在 FX5U 的编程软件 GX Works3 中我们已经通过高速输入/输出设置了方向和脉冲对应的输出端子，因此只要在程序中指定哪一个轴输出就可以了。伺服的运行模式除了位置控制模式以外，还有速度控制模式和转矩控制模式这两种模式。

1. 速度控制

通过模拟量的输入或脉冲频率都可以进行速度控制。在有上位控制装置的外环 PID 控制系统中，在速度控制模式时也可以进行定位，但必须把电动机的位置信号或直接负载的位置信号反馈给上位控制装置以用于计算。速度控制模式也支持直接连接负载外环检测位置信号，此时的电动机轴端的编码器只检测电动机转速，位置信号就由直接连接的最终负载端的检测装置来提供，其优点在于可以减少中间传动过程中的误差，增加了整个系统的定位精度。速度控制模式应用于精密控速的场合，例如 CNC 加工机。一般伺服驱动器的速度有两种输入模式：模拟指令输入及指令寄存器输入。模拟指令输入由外部的模拟电压来控制电动机的转速（与变频器采用模拟量输入来调速控制相似）。指令寄存器输入有两种应用方式：第一种为使用者在操作前，先将不同速度指令值设置于三个指令寄存器，再由 I/O 端子中的 DI 信号进行切换（与变频器的多段速控制相似）；第二种为利用通信方式来改变指令寄存器的内容值，选择的方式由 IO 端子中的 DI 信号决定。为了克服指令寄存器切换产生的不连续，有些伺服驱动器提供完整 S 形曲线规划，在闭合回路系统中，采用增益及累加整合型（PI）控制器，同时可选择两种操纵模式（手动、自动）。

1）速度控制模式标准接线

三菱 MR‑JE‑10A 伺服驱动器在使用漏型输入/输出接口时，速度控制模式下的接线图如图 3‑2‑10 所示。

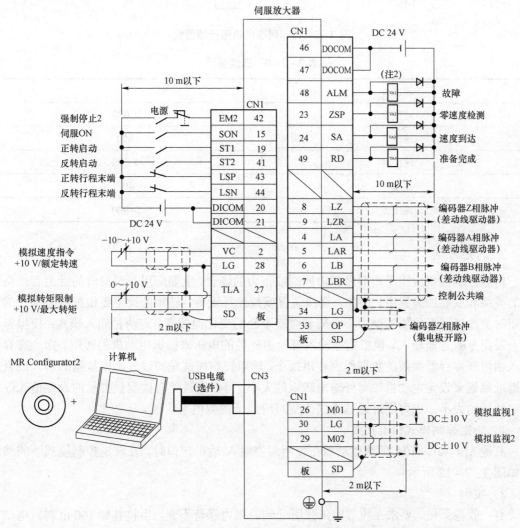

图 3‑2‑10　三菱 MR‑JE‑10A 伺服驱动器在速度控制模式下的接线图

2）实例

某分离机械，其控制系统主要由 PLC、伺服驱动器和伺服电动机组成。按下启动按钮，伺服电动机按图 3‑2‑11 所示速度曲线循环运行。按下停止按钮，电动机马上停止。当出现故障报警信号时，系统停止运行，报警灯闪烁。速度要求如表 3‑2‑8 所示。在这个实例中是一个典型伺服电动机速度控制的运行模式。

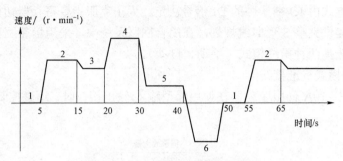

图 3-2-11　伺服电机运行速度曲

表 3-2-8　速度要求

速度 1	0
速度 2	1 000
速度 3	800
速度 4	1 500
速度 5	400
速度 6	−900

2. 转矩控制

转矩控制模式应用于需要做扭力控制或张力的场合，主要应用在对材质的受力有严格要求的缠绕和放卷的装置中。例如，绕线装置或拉光纤设备，转矩的设定要根据缠绕半径的变化随时更改以确保材质的受力不会随着缠绕半径的变化而改变。有两种输入模式：模拟指令输入及指令寄存器输入。模拟指令输入可经由外界的电压来操纵电动机的转矩。指令寄存器输入由内部寄存器参数的数据作为转矩指令。转矩控制模式是通过外部模拟量的输入或直接的地址赋值来设定电动机轴对外输出转矩的大小。可以通过随时改变模拟量的设定值来改变设定转矩的大小，也可通过通信方式改变对应地址的数值来实现。

1）转矩控制模式标准接线

三菱 MR-JE-10A 伺服驱动器在使用漏型输入/输出接口时，在转矩控制模式下的接线图如图 3-2-12 所示。

2）实例

有一收卷系统，要求在收卷时纸张所受到的张力保持不变，当收卷到 100 m 时，电动机停止。切纸刀工作，把纸切断。切纸机械收卷系统示意图如图 3-2-13 所示。

在这个实例中是一个典型伺服电动机转矩控制的运行模式。

3. 混合控制模式

除了单一控制模式以外，伺服驱动器也提供混合模式可供选用。三菱 MR-JE-10A 伺服驱动器混合控制模式有位置/速度控制切换模式、速度/转矩控制切换模式、转矩/位置控制切换模式。

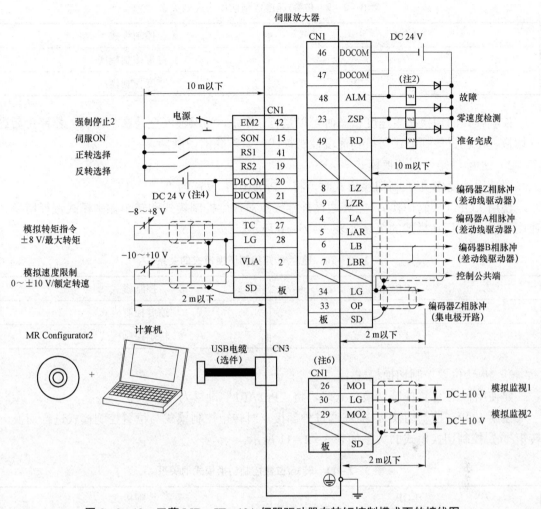

图 3-2-12 三菱 MR-JE-10A 伺服驱动器在转矩控制模式下的接线图

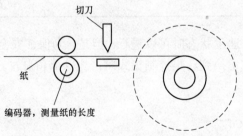

图 3-2-13 切纸机械收卷系统示意图

1）位置/速度控制切换模式

要使用位置/速度控制切换模式，将"Pr.PA01"设置为"＿＿＿1"。

使用 LOP（控制切换），能够通过外部接点对位置控制模式和速度控制模式进行切换。位置/速度控制切换模式的关系如表 3-2-9 所示。

表 3-2-9　位置/速度控制切换模式的关系

LOP	控制模式
0	位置控制模式
1	速度控制模式

控制模式的切换在零速度状态时可以进行。但是，为保证安全请在伺服放大器停止后进行切换。从位置控制模式切换到速度控制模式时，删除滞留脉冲。

2）速度/转矩控制切换模式

要使用速度/转矩控制切换模式时，将"Pr.PA01"设置为"＿＿＿3"。

使用 LOP（控制切换），能够通过外部接点对速度控制模式和转矩控制模式进行切换。速度/转矩控制切换模式的关系如表 3-2-10 所示。

表 3-2-10　速度/转矩控制切换模式的关系

LOP	控制模式
0	速度控制模式
1	转矩控制模式

3）转矩/位置控制切换模式

要使用转矩/位置控制切换模式时，将"Pr.PA01"设置为"＿＿＿5"。

使用 LOP（控制切换），能够通过外部接点对转矩控制模式与位置控制模式进行切换。转矩/位置控制切换模式的关系如表 3-2-11 所示。

表 3-2-11　转矩/位置控制切换模式的关系

LOP	控制模式
0	转矩控制模式
1	位置控制模式

控制模式的切换在零速度状态时可以进行。但是，为保证安全请在伺服放大器停止后进行切换。从位置控制模式切换到转矩控制模式时，删除滞留脉冲。

情境 4　简单运动控制模块控制系统应用

任务　基于运动控制模块的平面焊接设备控制系统设计

任务目标

有一平面焊接设备，主要是进行平面内的一些焊缝的焊接，焊缝主要是直线和曲线，设计控制系统来实现该功能，要求在焊接时可以根据焊接工件的不同，进行焊枪移动速度的设定。其结构示意图如图 4-0-1 所示。

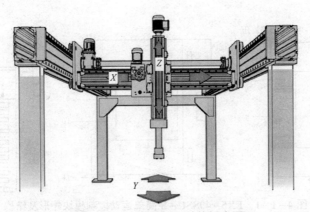

图 4-0-1　平面焊机结构示意图

任务目标

本任务以 FX5-40SSC-S 简单运动控制模块为学习内容。

1. 知识目标

（1）了解 FX5U-40SSC-S 简单运动模块。

（2）熟悉 MR-JE-10B 伺服放大器。

（3）理解插补控制概念。

2. 技能目标

（1）会进行 FX5U-40SSC-S 简单运动模块控制系统电气接线、参数设置。

（2）会进行 FX5U-40SSC-S 简单运动模块控制系统程序设计、调试运行。

（3）掌握利用工程工具进行程序的编写方法。

任务分析

本任务在认识三菱 FX5－40SSC－S 简单运动控制模式的基础上，利用该模块的插补功能和 GX Works3 对简单运动模块进行系统配置设定、参数设定、定位数据设定等操作实现控制程序的编写。通过教师的讲授以及引导学生学会查阅有关资料来完成本任务。

知识准备

4.1 FX5U－40SSC－S 简单运动模块认识

1. 部件名称

FX5－40SSC－S 简单运动控制模块外形及结构如图 4－1－1 所示，各部位名称及功能如表 4－1－1 所示。

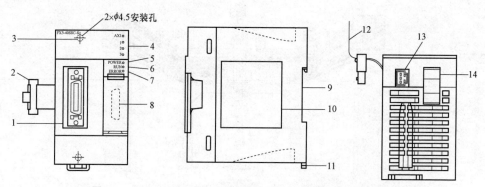

图 4－1－1 FX5－40SSC－S 简单运动控制模块外形及结构

表 4－1－1 各部分名称及功能

No.	名称	功能
1	外部输入信号用连接器	用于连接机械系统输入、手动脉冲器/INC、同步编码器、紧急停止输入的连接器
2	扩展电缆	用于连接 CPU 模块等的连接器
3	直接安装用孔	直接安装时使用的孔
4	轴显示用 LED （AX1、AX2、AX3、AX4）	LED 的显示
5	POWER LED	
6	RUN LED	
7	ERROR LED	
8	下段扩展连接器	用于在下段连接扩展模块的连接器

续表

No.	名称	功能
9	DIN 导轨安装用槽	可以安装在 DIN46277 的 DIN 导轨上
10	铭牌	记载有串行 No.等
11	DIN 导轨安装用卡扣	用于安装至 DIN 导轨的卡扣
12	拔出标签	拔出 CPU 模块等时使用的标签
13	电源连接器	用于连接电源的连接器
14	SSCNET 电缆连接用连接器	用于连接伺服放大器的连接器

2. 性能规格

FX5－40SSC－S 简单运动控制模块的性能规格如表 4－1－2 所示。

表 4－1－2　FX5－40SSC－S 简单运动控制模块的性能规格

项目		内容
控制轴数		4 轴
运算周期		1.777 ms
插补功能		2 轴、3 轴、4 轴直线插补，2 轴圆弧插补
控制方式		PTP（Point to Point）控制，轨迹控制（直线、圆弧均可设置），速度控制、速度/位置切换控制，位置/速度切换控制、速度/转矩切换控制
控制单位		mm、in[①]、（°）、pulse
定位数据		600 数据/轴
执行数据的备份功能		参数、定位数据、块启动数据通过闪存保存（无电池）
定位	定位方式	PTP 控制：增量方式/绝对方式； 速度/位置切换控制：递增方式/绝对方式； 位置/速度切换控制：增量方式； 轨迹控制：增量方式/绝对方式
	定位范围	绝对方式时 －214 748 364.8～214 748 364.7 μm； －21 474.836 48～21 474.836 47 in； 0°～359.999 99°； －2 147 483 648～2 147 483 647 p
		增量方式时 －214 748 364.8～214 748 364.7 μm； －21 474.836 48～21 474.836 47 in； －21 474.836 48°～21 474.836 47°； －2 147 483 648～2 147 483 647 p

① 英寸，1 in＝25.4 mm。

项目		内容
定位	定位范围	速度/位置切换控制（INC 模式）、位置/速度切换控制时 0～214 748 364.7 μm、0～21 474.836 47 in 0°～21 474.836 47°、0～2 147 483 647 p
		速度/位置切换控制（ABS 模式）时 0°～359.999 99°
	速度指令	0.01～20 000 000.00 mm/min、0.001～2 000 000.000 in/min 0.001～2 000 000.000°/min、1～1 000 000 000 p/s
	加速度处理	梯形加减速、S 形加减速
	加减速时间	1～8 388 608 ms 加速时间、减速时间均有 4 个模式可供设置
	紧急停止减速时间	1～8 388 608 ms
启动时间		1.777 ms
外线连接方式		26 针连接器
适用电线尺寸×4		AWG30～24（0.05～0.2 mm²）
外部输入配线用连接器		LD77MHIOCON
手动脉冲器/INC 同步编码器输入 最大频率	差分输出型	最大 1 Mpulse/s
	集电极开路型	最大 200 kpulse/s
手动脉冲器 1 脉冲输入倍率		1～10 000 倍
闪存写入次数		最多 10 万次
输入输出占用点数		8 点
质量		约 0.3 kg

3. 功能

简单运动模块有多种功能。主要有以下功能，其余功能的详细内容请参阅 MELSEC iQ-F FX5 简单运动模块用户手册。

1）原点复位控制

该功能是在定位控制时确立起点位置（机械原点复位）后，向该起点进行定位（高速原点复位）。

2）主要的定位控制

该功能是使用存储在简单运动模块内的"定位数据"进行的控制。设置"定位数据"中的必要项目后，通过启动该定位数据来进行位置控制或速度控制等。

3）高级定位控制

该功能是使用"块启动数据"执行存储在简单运动模块内的"定位数据"的控制。

4）手动控制

该功能是通过向简单运动模块输入外部信号，由简单运动模块进行任意定位动作的控制。在将工件移动到任意位置上（JOG 运行），进行定位微调（微动运行、手动脉冲发生器运行）等情况下，使用该手动控制。

4. 外部输入信号用连接器的信号排列

FX5－40SSC－S 简单运动模块的外部输入信号用连接器的信号排列引脚如表 4－1－3 所示。

表 4－1－3　FX5－40SSC－S 简单运动模块的外部输入信号用连接器的信号排列引脚

引脚排列（从模块正面看的情况下）	引脚编号	信号名		引脚编号	信号名	
	1	无连接		14	无连接	
	2	SG	信号接地	15	SG	信号接地
	3	HA	手动脉冲器/INC 同步编码器 A 相/pulse	16	HB	手动脉冲器/INC 同步编码器 B 相/SIGN
	4	HAH		17	HBH	
	5	HAL		18	HBL	
	6		无连接	19		无连接
	7			20		
	8			21		
	9			22		
	10	EMI	紧急停止输入信号	23	EMI.COM	紧急停止输入信号公共端
	11	DI1	外部指令信号/切换信号	24	DI2	外部指令信号/切换信号
	12	DI3		25	DI4	
	13	COM	公共端	26	COM	公共端

4.2　MR－JE－10B 伺服放大器

1. 功能

三菱 MR－JE－10B 伺服驱动器与前面介绍的 MR－JE－10A 基本差不多。但 MR－JE－10B 与上位机控制器（PLC 或运动控制模块等）采用了光纤通信连接，MR－JE－_B 伺服驱动器通过控制器和高速同步网络 SSCNETⅢ/H 连接。伺服驱动器直接从控制器读取指令，驱动伺服电动机。

SSCNETⅢ/H 通过采用 SSCNETⅢ 光缆保持了很强的耐噪声性，并且实现了全双工 150 Mb/s 高速通信。控制器和伺服驱动器之间可以实现大量数据的实时通信。伺服电动机的

信息可以存储到上一级信息系统，也可以用于控制。该伺服放大器与伺服电动机和简单运动模块的匹配关系为

$$HG - KN13 \implies MR - JE - 10B \implies FX5 - 40SSC - S$$

2. 结构

MR－JE－10B 伺服驱动器的结构如图 4－1－2 所示，MR－JE－10B 伺服驱动器各部位的名称及用途如表 4－1－4 所示。

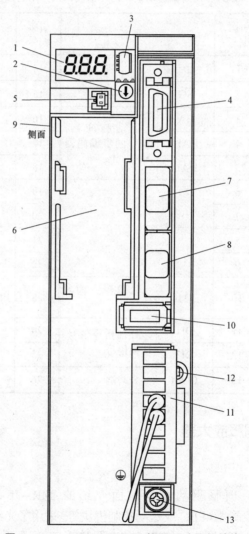

图 4－1－2　MR－JE－10B 伺服驱动器的结构

表 4-1-4　各部位的名称及用途

编号	名称及用途
1	显示屏。 在 3 位 7 段的 LED 中显示伺服的状态及报警编号
2	轴选择旋转开关（SW1）。 设定伺服放大器的轴编号
3	USB 通信用连接器（CN5），与计算机连接
4	输入/输出信号连接器（CN3）。 连接数字输入/输出信号
5	电池用连接器（CN4）。 连接绝对位置数据保持用电池
6	电池座，请放置绝对位置数据保持用电池
7	SSCNETⅢ电缆连接用连接器（CN1A）。 连接伺服系统控制器或前轴伺服放大器
8	SSCNETⅢ电缆连接用连接器（CN1B）。 连接后轴伺服放大器。最终轴时，请加上端盖
9	额定铭牌
10	编码器连接器（CN2），连接伺服电动机编码器
11	电源连接器（CNP1），连接输入电源、内置再生电阻、再生选件及伺服电动机
12	充电指示灯。主电路存在电荷时亮灯。亮灯时请勿进行电线的连接和更换等
13	保护接地（PE）端子、接地端子

3. 与外围设备的连接

MR-JE-10B 与外围设备的连接如图 4-1-3 所示。

4. 信号和接线

MR-JE-10B 伺服放大器在出厂状态时，热线强制停止功能为有效。热线强制停止功能发生报警时，在切断与控制器的通信之前，对所有的伺服放大器发出热线强制停止信号，变为"AL.E7.1 控制器紧急停止输入警告"状态使伺服放大器减速停止的功能。可以通过"Pr.PA27"将热线强制停止功能设为无效。报警发生时，请在控制器侧构建检测到报警发生后切断电磁接触器的电源电路。三菱 MR-JE-10B 伺服驱动器在使用漏型输入/输出接口时，其输入/输出信号的连接如图 4-1-4 所示。

5. SCNETⅢ电缆的连接

将连接在控制器或前轴伺服放大器上的 SSCNETⅢ电缆连接至 CN1A 连接器。将连接在后轴伺服放大器上的 SSCNETⅢ电缆连接至 CN1B 连接器。在最终轴的伺服放大器的 CN1B 连接器上装上伺服放大器附带的端盖，如图 4-1-5 所示。

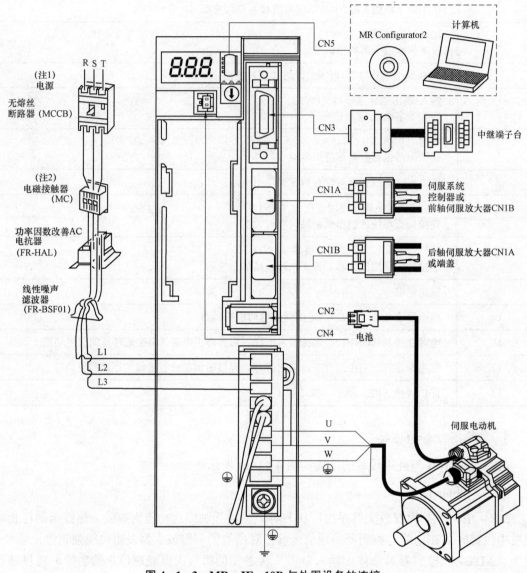

图 4-1-3 MR-JE-10B 与外围设备的连接

注 1：使用单相 AC 200～240 V 电源时，请将电源连接至 L1 和 L3，不要在 L2 上做任何连接。关于电源规格请参照有关资料。

注 2：根据电源电压及运行模式的不同，可能会造成母线电压下降，由强制停止减速中转换到动态制动器减速。如果不希望动态制动器减速，请延迟电磁接触器的关闭时间。

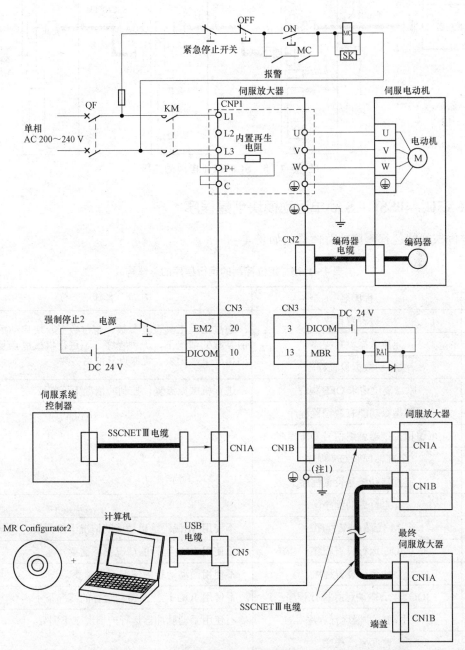

图 4-1-4　三菱 MR-JE-10B 伺服驱动器漏型接口输入/输出信号的连接

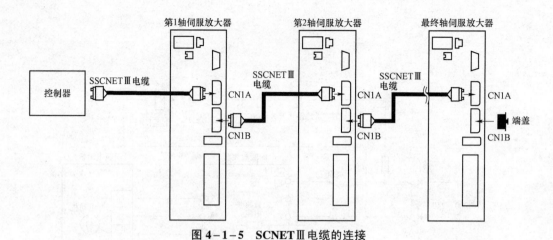

图 4-1-5　SCNETⅢ 电缆的连接

4.3　FX5U-40SSC-S 简单运动模块创建程序

定位控制的运行程序的总体构成如表 4-1-5 所示。

表 4-1-5　定位控制的运行程序的总体构成

No.	程序名	备注
1	参数设置程序	通过工程工具设置参数、定位数据、块启动数据、伺服参数的情况下，无须程序。不进行机械原点复位控制的情况下，无须设置原点复位用参数
2	定位数据设置程序	
3	块启动数据设置程序	
4	原点复位请求 OFF 程序	进行机械原点复位控制的情况下不需要
5	外部指令功能有效设置程序	
6	可编程控制器就绪信号 ON 程序	
7	全部轴伺服 ON 程序	
8	定位启动编号设置程序	
9	定位启动程序	
10	M 代码 OFF 程序	不使用 M 代码输出功能的情况下不需要
11	JOG 运行设置程序	不使用 JOG 运行的情况下不需要
12	微动运行设置程序	不使用微动运行的情况下不需要
13	JOG 运行/微动运行执行程序	不使用 JOG 运行及微动运行的情况下不需要
14	手动脉冲器运行程序	不使用手动脉冲器运行的情况下不需要
15	速度更改程序	
16	超程程序	
17	加减速时间更改程序	根据需要添加的程序
18	转矩更改程序	
19	步进运行程序	

No.	程序名	备注
20	跳过程序	
21	示教程序	
22	连续运行中断程序	
23	目标位置更改程序	根据需要添加的程序
24	重启程序	
25	参数初始化程序	
26	闪存写入程序	
27	出错复位程序	
28	轴停止程序	

针对一个具体的定位控制程序并不一定需要上述完整的 28 个程序结构内容，我们可以根据实际控制要求进行相应的处理。

使用简单运动模块进行定位控制所需的程序创建主要有两种方式：一是通过 GX Works3 软件里面的工程工具进行；二是完全的通过程序来进行。通过工程工具可以设置参数、定位数据、块启动数据以及伺服参数。

建议尽量通过工程工具进行创建设置；通过程序进行设置的情况下，将需要使用大量的程序及软元件，因此结构复杂且延长扫描时间；另外，连续轨迹控制或连续定位控制中改写定位数据的情况下，应提前 4 组进行改写，否则，将被作为数据未改写处理。

根据希望执行的控制要求，在简单运动模块中设置参数及定位数据、块启动数据、条件数据等，同时编写用于设定控制数据和启动各种定位控制的顺控程序就可以实现运动定位控制。下面以轴 1 为例进行程序创建步骤说明。

（1）对简单运动模块设置的系统配置设定、参数设置进行初始设置。

（2）设置简单运动模块设置的定位数据。

（3）控制程序编写。

1. 初始设置内容

初始设置内容主要是通过工程工具，进行系统配置、参数设置、伺服参数设置。

1）系统配置

打开 GX Works3 软件新建一个名为"示例"的工程，再添加一个 FX5U－40SSC－S 简单运动模块，然后双击该运动模块弹出如图 4－1－6 所示的系统配置画面。

本示例只用了轴 1，所以我们只对轴 1 进行设置。双击轴 1 图标弹出如图 4－1－7 所示的放大器设置画面。

选择 MR－JE－B 型号的伺服驱动放大器，单击"确认"，可以看到如图 4－1－6 所示画面中轴 1 的图标由灰色变成了黑色，表示轴 1 已经添加到系统中了，轴 2、轴 3、轴 4 以此类推进行添加。

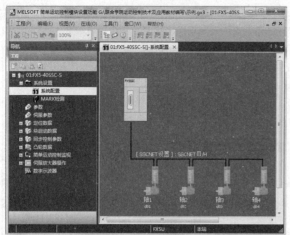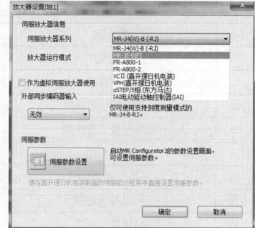

图 4-1-6 系统配置画面　　　　　图 4-1-7 放大器设置画面

2）参数设置

在如图 4-1-6 所示画面中双击左侧导航栏目下面的参数选项，弹出如图 4-1-8 所示
FX5U-40SSC-S 参数画面。

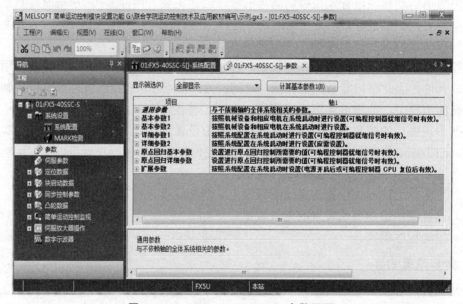

图 4-1-8　FX5U-40SSC-S 参数画面

参数主要包括通用参数、基本参数、详细参数、原点回归参数、扩展参数等，每类参数
中又包含若干个具体的参数。图 4-1-9 所示为原点回归基本参数画面，当鼠标停留在 Pr.44
原点回归方向栏目时会在下方显示该栏目的具体含义。

通常需要设置的参数有 Pr.1、Pr.2、Pr.3、Pr.4、Pr.7、Pr.8、Pr.9、Pr.10、Pr.22、Pr.43、
Pr.44、Pr.45、Pr.46、Pr.47、Pr.48、Pr.50、Pr.51、Pr.52、Pr.53、Pr.82、Pr.97、Pr.116、Pr.117、
Pr.118 等，这些参数的功能含义如表 4-1-6 所示。其他的参数功能含义请参考相关的说
明书。

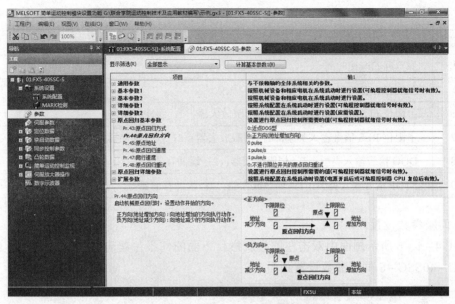

图 4－1－9　原点回归基本参数画面

表 4－1－6　常见参数功能含义

参数号	功能含义
Pr.1	单位设置；0：mm，1：in，2：°，3：p
Pr.2	每转脉冲数
Pr.3	每转移动量
Pr.4	单位倍率
Pr.7	启动偏置速度
Pr.8	速度上限限制
Pr.9	加速时间
Pr.10	减速时间
Pr.22	输入信号（上下限位、近点狗、停止）逻辑选择； 0：负逻辑；1：正逻辑
Pr.43	原点回归方式，0：近点狗型；4：计数型①；5：计数型②；6：数据设定型；7：原点信号检测型
Pr.44	原点回归方向；0：正方向；1：负方向
Pr.45	原点地址
Pr.46	原点回归速度
Pr.47	爬行速度
Pr.48	原点回归重试
Pr.50	近点狗 ON 后的移动量
Pr.51	原点回归加速时间

参数号	功能含义
Pr.52	原点回归减速时间
Pr.82	强制停止有效/无效；0：有效；1：无效
Pr.116	上限位 FLS 信号输入类型；1：伺服放大器；2：缓冲存储器
Pr.117	下限位 RLS 信号输入类型；1：伺服放大器；2：缓冲存储器
Pr.118	DOG 信号输入类型；1：伺服放大器；2：缓冲存储器
Pr.119	STOP 信号输入类型；1：伺服放大器，2：缓冲存储器

3）伺服参数设置

在图 4-1-6 所示画面中双击左侧导航栏目下面的伺服参数选项，弹出如图 4-1-10 所示 FX5U-40SSC-S 伺服参数设置画面。

图 4-1-10　FX5U-40SSC-S 伺服参数设置画面

伺服参数显示有按功能分类显示和列表显示两种形式。这里的伺服参数设置实际上是对我们在系统配置中选定的伺服驱动器进行参数设置（如图 4-1-7 中的 MR-JE-B），因此伺服参数的设置和 MR-JE-A 的设置基本相同，可以参照情境 3 任务 3.2 里面的说明进行设置。

2. 定位数据

在图 4-1-6 所示画面中双击左侧导航栏目下面位数据选项的轴 1 定位数据，弹出如图 4-1-11 所示 FX5U-40SSC-S 轴 1 定位数据画面。FX5U-40SSC-S 一共可以进行 4 个轴的定位数据设置。

在图 4-1-11 中可以对运行模式、控制方式、插补对象、加减速时间、定位地址、指令速度等项目进行设置。每个项目下有若干个选项可以进行选择。我们可以根据控制要求进行合理的设置。设置完成后可以单击离线模拟和自动计算指令速度进行模拟运行。

图 4-1-11　FX5U-40SSC-S 轴 1 定位数据画面

1）运行模式

0：定位结束；仅执行指定的定位数据，并结束定位。

1：连续定位控制；在执行完指定的定位数据后暂停，然后执行下一个定位数据。

2：连续轨迹控制；在执行指定的定位数据后，将不减速停止，而连续执行下一个定位数据。

2）控制方式

控制方式有很多种，这里只列举了常用的方式，其他方式参见相关手册。

01h：1 个轴的线性控制（ABS 绝对值）；使 1 个轴进行从起点地址（当前的停止位置）开始到指定位置为止的定位控制。指定位置为绝对坐标值形式。

02h：1 个轴的线性控制（INC 相对值）；使 1 个轴进行从起点地址（当前的停止位置）开始到指定位置为止的定位控制。指定位置为相对坐标值形式。

03h：1 个轴的进行起点地址（当前的停止位置）开始的指定移动量（定长进给）的定位控制。

04h/05h：1 个轴进行速度控制（正转/反转）。

0Ah：2 个轴的线性插补控制（ABS 绝对值）。

0Bh：2 个轴的线性插补控制（INC 相对值）。

0Ch：2 个轴的线性插补控制（定长进给控制）。

0Dh：圆弧插补，辅助点指定的圆弧插补控制（ABS 绝对值）。

0Eh：圆弧插补，辅助点指定的圆弧插补控制（INC 相对值）。

15h：3 个轴的线性插补控制（ABS 绝对值）。

16h：3 个轴的线性插补控制（INC 相对值）。

3）插补对象轴

当在插补控制方式时，才会出现插补对象轴的选项，根据是轴 2 还是轴 3 插补选择插补对象轴的编号。

4）加/减速时间

设置定位时定位速度的加/减速时间。

5）定位地址

设定定位控制目标值的地址，其单位根据 Pr1 设定的值分别为 mm、in、（°）、pulse。

6）圆弧地址

只有在控制方式为圆弧插补时才可以进行圆弧地址的设置，可以进行圆弧辅助点或圆弧中心地址的设置。

7）指令速度

用预设定在定位过程中指令执行的速度大小。

在图 4-1-11 中我们对轴 1 的定位数据进行设置，一共有 3 个定位数据，每一个定位数据的定位控制方式和其他参数各不相同，如表 4-1-7 所示。

表 4-1-7　伺服参数设置示例

设置项目 （轴 1 定位数据）	设置值 （定位数据 No.1）	设置值 （定位数据 No.2）	设置值 （定位数据 No.3）
运行模式	0：结束		
控制方式	01 h： ABS 直线 1 1 轴的直线控制（ABS）	06 h： 正转：速度/位置 速度/位置切换控制（正转）	08 h： 正转：位置/速度 位置/速度切换控制（正转）
插补对象轴			
加速时间 No.	0：1 000		
减速时间 No.	0：1 000		
定位地址	− 20 000 pulse	25 000 pulse	10 000 pulse
圆弧地址			
指令速度	1 000 pulse/s	2 000 pulse/s	1 000 pulse/s
停留时间	300 ms	0 ms	300 ms
M 代码	9 843	0	0

3．控制程序编写

以轴 1 进行下述功能为例说明程序编写，其他的一些功能参考相关说明书和手册。特别注意，在本例中运动控制模块、伺服驱动器和伺服电动机的硬件接线可以参考图 4-1-19，这样我们的一些参数设置才会有意义。

1）机械原点复归的执行

第一步：参数设置。在图 4-1-12 所示画面中按表 4-1-8 所示设定参数。

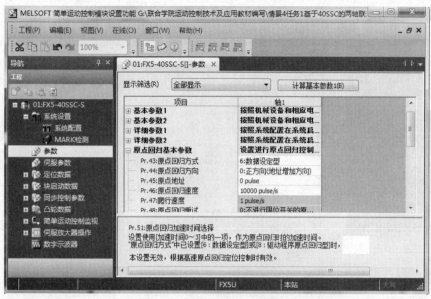

图 4-1-12　参数设置界面

表 4-1-8　参数设置表

参数项目	设定值	参数项目	设定值
Pr.82 强制停止	1：无效	Pr.22 停止信号	0：负逻辑
Pr.1 单位	3：pulse	Pr.22 近点狗信号	1：正逻辑
Pr.2 每转脉冲数	50 000 pulse	Pr.43 原点回归方式	5：计数型②
Pr.3 每转移动量	50 000 pulse	Pr.44 原点回归方向	1：负方向
Pr.15 软件行程限位有效/无效设置	1：无效	Pr.45 原点地址	0 pulse
Pr.116 FLS 信号选择	1：伺服放大器	Pr.46 原点回归速度	50 000 pulse/s
Pr.117 RLS 信号选择	1：伺服放大器	Pr.47 爬行速度	8 000 pulse/s
Pr.118 DOG 信号选择	1：伺服放大器	Pr.48 原点回归重试	1：进行限位开关的原点回归重试
Pr.22 下限位信号	0：负逻辑	Pr.50 近点 DOG ON 后的移动量	15 000 pulse
Pr.22 上限位信号	0：负逻辑		

第二步：伺服参数设置。主要将输入/输出参数 PD03、PD04、PD05 设置为 020、021、022 即可，如图 4-1-13 所示。因为伺服驱动器采用了外部信号，其他使用系统默认值即可。

图 4-1-13　伺服驱动器参数设置

第三步：程序编写，如图 4-1-14 所示。

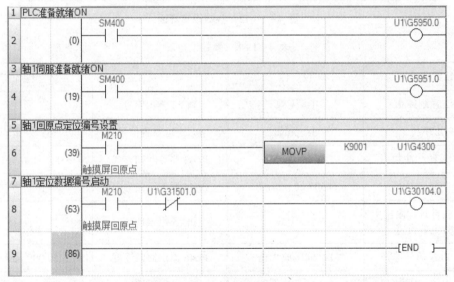

图 4-1-14　机械回原点程序

2）使用了轴 1 的直线控制的执行

第一步：定位数据设置，如图 4-1-15 所示。

图 4-1-15　轴 1 直线控制数据

第二步：程序编写。注意要实现定位编号的运行必须要先回原点，如图 4-1-16 所示。

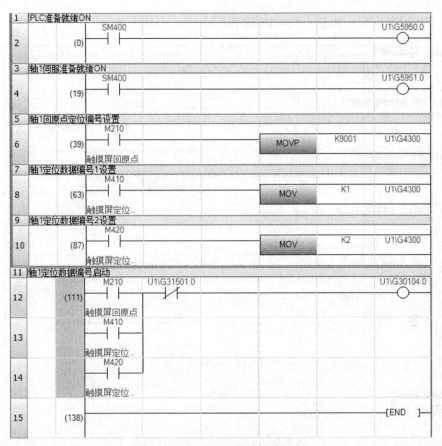

图 4-1-16　轴 1 直线定位程序

3）JOG 运行的执行

第一步：JOG 运行参数设置，如图 4-1-17 所示。

显示筛选(R)	全部显示	计算基本参数1(B)

项目	轴1
□ 详细参数2	按照系统配置在系...
Pr.25:加速时间1	1 ms
Pr.26:加速时间2	1 ms
Pr.27:加速时间3	1 ms
Pr.28:减速时间1	1 ms
Pr.29:减速时间2	1 ms
Pr.30:减速时间3	1 ms
Pr.31:JOG速度限制值	50000 pulse/s
Pr.32:JOG运行加速时间选择	0:1
Pr.33:JOG运行减速时间选择	0:1
Pr.34:加减速处理选择	0:梯形加减速处理
Pr.35:S曲线比率	100 %
Pr.36:急停止减速时间	1000 ms
Pr.37:停止组1急停止选择	0:通常的减速停止
Pr.38:停止组2急停止选择	0:通常的减速停止
Pr.39:停止组3急停止选择	0:通常的减速停止
Pr.40:定位完成信号输出时间	300 ms

图 4-1-17　JOG 运行参数设置

第二步：程序编写，如图 4-1-18 所示。

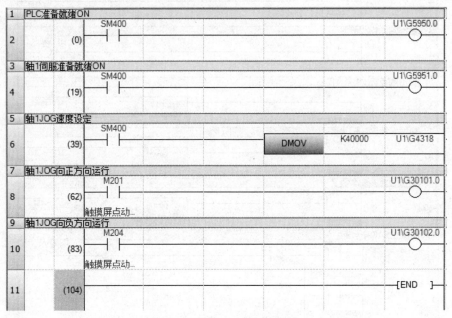

图 4-1-18　JOG 运行程序

任务实施

根据本任务要求，结合学过的知识和技能，按照以下流程完成本项目任务。

（1）根据控制要求画出控制系统原理图并完成硬件连接。

根据任务要求经过工作过程分析得到如表 4-1-9 所示的 PLC I/O 地址分配表。

表 4-1-9　PLC I/O 地址分配表

输入		输出	
X 轴正向点动按钮 SB0	X0	运行指示灯 HL0	Y0
X 轴反向点动按钮 SB1	X1	伺服报警指示灯 HL1	Y1
Y 轴正向点动按钮 SB2	X2		
Y 轴反向点动按钮 SB3	X3		
启动按钮 SB4	X4		
停止按钮 SB5	X5		
原点回归 SB6	X6		

本系统主要由 FX5U-32MT、MR-JE-10B 伺服放大器、HG-KN_-S100 伺服电动机、三菱 GS2107 触摸屏、按钮、位置传感器（行程开关）、指示灯等组成。根据 I/O 地址分配表，整个系统原理图如图 4-1-19 所示，图中 SQ1、SQ2、SQ3、SQ4 分别为 X 轴和 Y 轴正反向

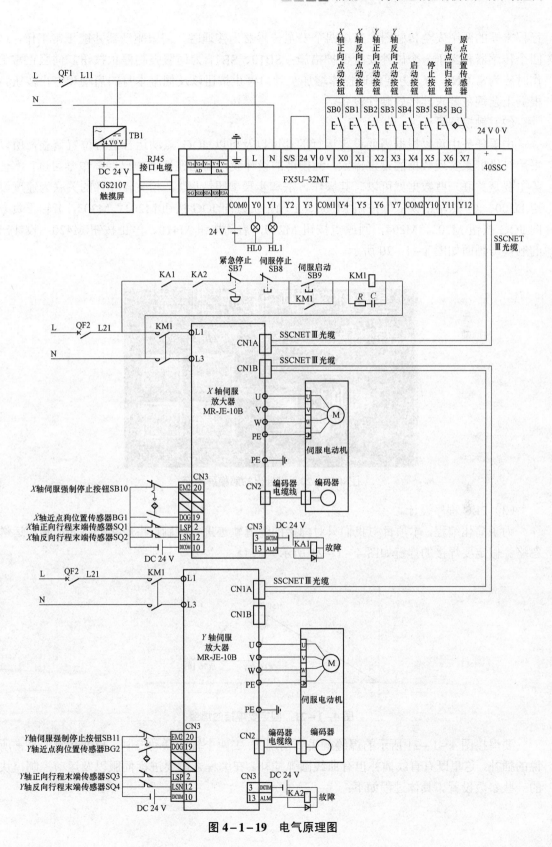

图4-1-19　电气原理图

行程末端的两个安全传感器,当这四个安全传感器为接通时,伺服驱动器才能正常工作,这四个传感器相当于一个硬件安全保护措施;SB10、SB11为伺服强制停止按钮,伺服正常工作时应为常ON;为了方便调试操作增加了紧急停止按钮以及伺服本身的启动和停止按钮。根据工艺规范要求连接好硬件设备。

(2)触摸屏设计。

由于任务中可以根据需要设定运行的速度以及可以JOG点动运行进行位置调整,所以采用触摸屏来实现数据的设定输入,触摸屏的设计我们前面在情境中已经简单学习过,本任务主要是关联一些数据就可以。其操作方法和步骤参照情境1,相关软元件的关联为速度设定D300、XY两轴错误复位按钮M200、X轴正负方向JOG按钮M201、M203,Y轴正负方向JOG按钮M202、M204,回原点按钮M210,启动按钮M410、停止按钮M420。设计出的触摸屏画面如图4-1-20所示。

图4-1-20 设计出的触摸屏画面

(3)PLC程序设计。

为了简化编程,本项目中我们只对焊接的焊缝轨迹进行控制,将焊接材料的加热和运送忽略。假定要焊接的焊缝如图4-1-21所示。

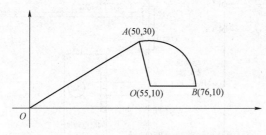

图4-1-21 假定要焊接的焊缝

要焊接图4-1-21所示的焊缝就需要实现X、Y两个轴的联动控制,也就是我们平常所说的插补,这里既有直线插补也有曲线圆弧插补。在编程之前要进行伺服以及运动控制模块的一些参数设置。具体过程如下:

第一步：建立新工程，在模块配置图中添加 FX5U–32MR CPU 模块和 FX5–40SSC–S 简单运动控制模块，如图 4–1–22 所示。

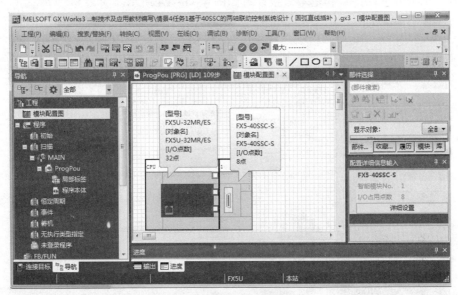

图 4–1–22　模块配置

第二步：运动控制模块及伺服参数设置。

① 系统配置中添加 MR–JE–B（F）伺服放大器及轴 1 和轴 2 作为 X 轴和 Y 轴，如图 4–1–23 所示。

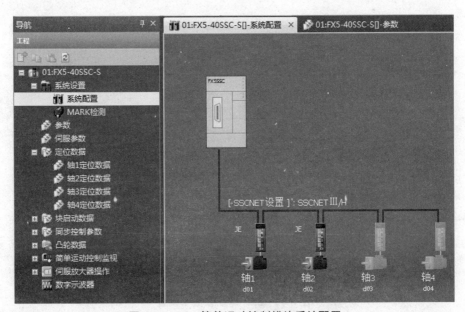

图 4–1–23　简单运动控制模块系统配置

② 参数设置。参数设置主要有通用参数设置、基本参数 1 设置、基本参数 2 设置、详细参数 1 设置、详细参数 2 设置、原点回归基本参数设置、原点回归详细参数设置、扩展参数设置八个部分。通用参数和基本参数设置如图 4-1-24 所示。

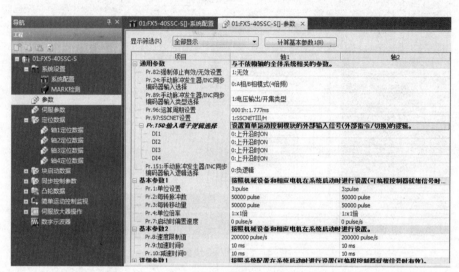

图 4-1-24　通用参数和基本参数设置

详细参数 1 设置如图 4-1-25 所示。

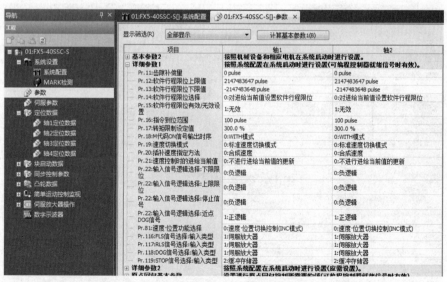

图 4-1-25　详细参数 1 设置

详细参数 2 设置如图 4−1−26 所示。

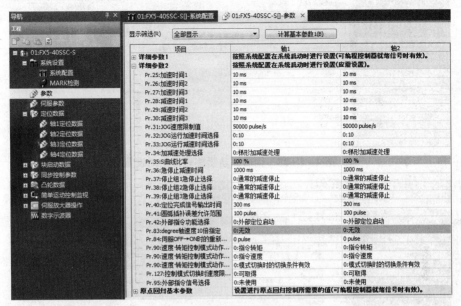

图 4−1−26　详细参数 2 设置

原点回归参数和扩展参数设置如图 4−1−27 所示。

图 4−1−27　原点回归参数和扩展参数设置

③ 伺服参数设置。伺服参数设置要根据实际的工作情况以及硬件连接的情况来进行，在本项目中主要进行一些基本设置。伺服驱动器旋转方向的设置如图 4−1−28 所示。

自动调谐中增益调整模式的设置如图 4−1−29 所示。这里负载惯量比根据负载的大小来确定，本系统中负载中等，所以设为 25。

图 4-1-28　伺服驱动器旋转方向的设置

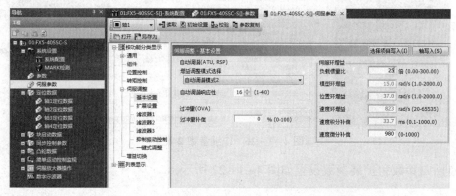

图 4-1-29　自动调谐中增益调整模式的设置

由于 MR-JE-B 伺服放大器是 MR-J4-B 的精简版，JE 的外部信号 FLS、RLS 和 DOG 信号也是需要在内部设置的，因此在伺服放大器参数设置"列表显示-输入输出设置"中将 PD03、PD04、PD05 三个参数设置为 0020、0021、0022，即将上下限位及近点狗传感器信号与伺服驱动器相连接作为伺服驱动器的外部输入信号使用，即将伺服驱动器的 CN3 端口的 CN3-2、CN3-12、CN3-19 这几个管脚定义为外部信号的上下限位信号和近点狗 DOG 信号，如图 4-1-30 所示。

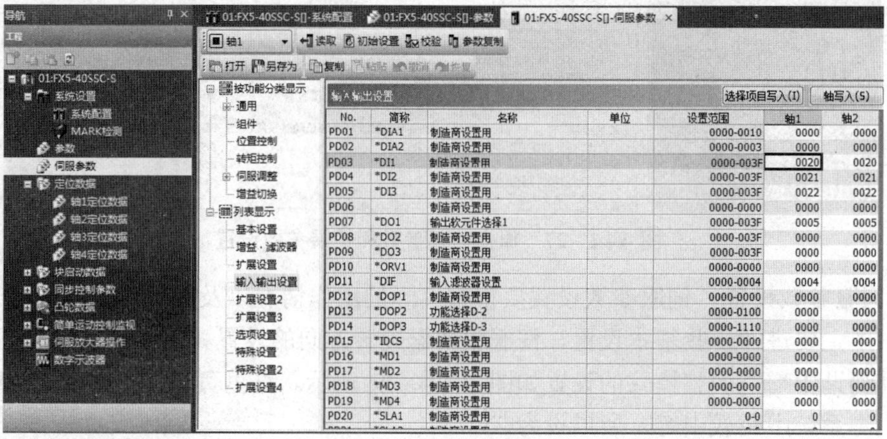

图 4-1-30　伺服驱动器的外部输入信号设置

第三步：定位数据设置。由于在本任务中有一段直线插补和圆弧插补，所以在设定定位数据编号时只需两个定位数据编号，而且都是轴 1 和轴 2 两轴插补，只不过一个是直线插补一个是圆弧插补，这里告诉了点的坐标位置，所以采用绝对的坐标数据 ABS 直线和 ABS 圆弧，轴 1（X 轴）作为基准轴，轴 2（Y 轴）作为插补轴，如图 4-1-31 所示。

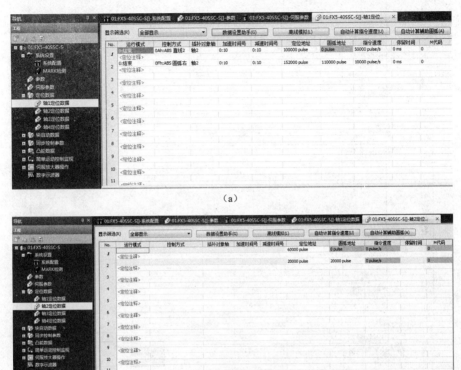

（a）

（b）

图 4-1-31　定位数据设置

（a）轴 1 定位数据；（b）轴 2 定位数据

第四步：程序编写，根据控制要求编写出的控制程序如图 4-1-32 所示。

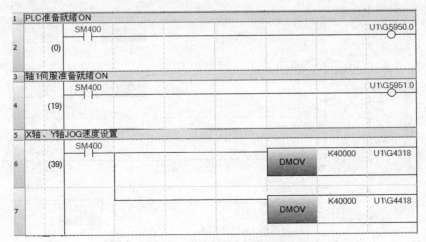

图 4-1-32　平面焊接设备控制系统程序

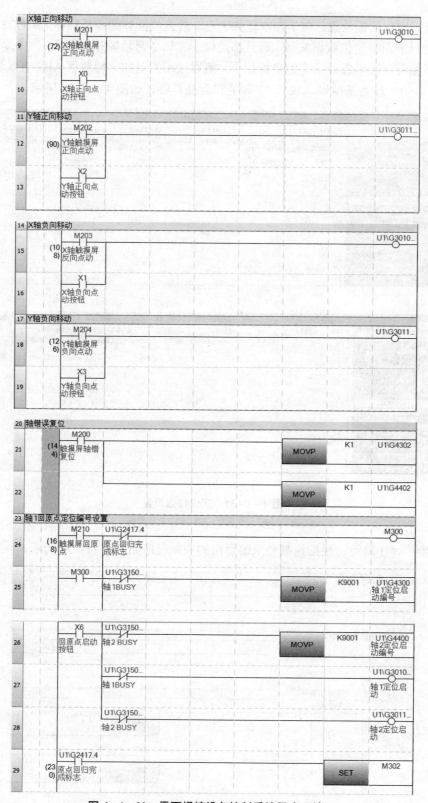

图 4-1-32　平面焊接设备控制系统程序（续）

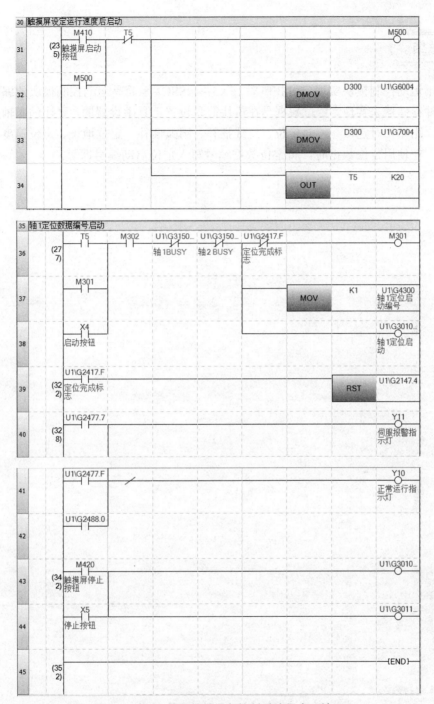

图4-1-32　平面焊接设备控制系统程序（续）

在程序编写中对于插补部分程序要注意只需编写基准轴的程序，插补轴的定位地址在定位编号中指定即可，有关插补轴的控制方式、加减速时间、指令速度会自动计算。

（4）设备上电，伺服系统参数设置，触摸屏和PLC程序下载，系统整体调试。

任务总结

　　在使用运动控制模块实现定位控制时，FX5-40SSC-S简易运动控制模块的编程主要通过刷写缓冲存储器来实现，定位数据是在模块简易设置工具中设置的，要让伺服轴进行什么样的定位，比如相对定位、绝对定位、直线插补、圆弧插补、定位地址、定位速度等，都在这里设置。在使用定位数据时，将定位数据编号写入定位启动编号即可。

参 考 文 献

［1］刘元永，赵云伟. 变频、伺服、步进应用实践教程［M］. 北京：电子工业出版社，2019.

［2］钱厚亮，崔茂齐，姚晔，等. 工业控制系统典型应用项目化实训教程［M］. 南京：东南大学出版社，2019.

［3］李冬冬，许连阁，马宏赛. 变频器应用与实训教、学、做一体化教程［M］. 北京：电子工业出版社，2016.

［4］向晓汉，宋昕. 变频器与步进伺服驱动技术完全精通教程［M］. 北京：化学工业出版社，2017.

［5］陈晓军. 伺服系统与变频器应用技术［M］. 北京：机械工业出版社，2016.

［6］魏召刚. 工业变频器原理及应用［M］. 北京：电子工业出版社，2011.

［7］陈志红. 变频器技术及应用［M］. 北京：电子工业出版社，2015.

［8］阮毅，陈伯时. 运动控制系统［M］. 北京：清华大学出版社，2011.

［9］班华，李长友. 运动控制系统［M］. 北京：电子工业出版社，2019.

［10］三菱电机. GX Works3 操作手册，2014.

［11］三菱电机. MELSEC iQ－FFX5 简单运动模块用户手册，2015.

［12］三菱电机. MELSEC iQ－FFX5 编程手册，2015.

［13］三菱电机. FR－E700 使用手册，2009.

［14］三菱电机. 三菱通用 AC 伺服使用手册，2014.

［15］三菱电机. GT Designer3 基本操作手册，2005.